To everyone who believed in me ...

致所有相信我的人……

LIVE YOUR DASH by Linda Ellis

Originally published in 2011 in the United States by Sterling Ethos, an imprint of Sterling Publishing, under the title LIVE YOUR DASH
This edition has been published by arrangement with Sterling Publishing Co., Inc., 1166 Avenue of the Americas, New York, NY, USA, 10036
Simplified Chinese edition copyright:
2016 Xiyuan Publishing House

LIVE YOUR DASH

Make Every Moment Matter

生命苦短，我要留住美好

——人 生 的 破 折 号

[美] 琳达·埃利斯 / 著　　吴洁雅 / 译

西苑出版社
XIYUAN PUBLISHING HOUSE
北 京

图书在版编目(CIP)数据

生命苦短,我要留住美好:人生的破折号 / (美)埃利斯(Ellis, L.)著;吴洁雅译. —北京:西苑出版社,2016.3

书名原文:Live Your Dash: Make Every Moment Matter

ISBN 978-7-5151-0578-9

Ⅰ.①生… Ⅱ.①埃… ②吴… Ⅲ.①成功心理–通俗读物 Ⅳ.①B848.4-49

中国版本图书馆 CIP 数据核字 (2016) 第 051775 号

生命苦短,我要留住美好:人生的破折号

著　　者	[美] 琳达·埃利斯
译　　者	吴洁雅
责任编辑	李明辉
出版发行	西苑出版社
通讯地址	北京市朝阳区利泽东二路 3 号
邮政编码	100102
电　　话	010-64228516
传　　真	010-64228516
网　　址	www.xiyuanpublishinghouse.com
印　　刷	三河市鑫利来印装有限公司
经　　销	全国新华书店
开　　本	710 毫米×1000 毫米　1/16
字　　数	200 千字
印　　张	18.5
版　　次	2016 年 4 月第 1 版
印　　次	2016 年 4 月第 1 次印刷
书　　号	ISBN 978-7-5151-0578-9
定　　价	39.80 元

(凡西苑出版社图书如有缺漏页、残破等质量问题,本社邮购部负责调换)

生命苦短，我要**留住美好**

目 录

CONTENTS

导 读

作家相信自己笔下的文字和故事，就好似母亲相信自己的孩子。我们塑造它们、爱它们并且把它们带到这个世界，希望并且相信他人也会一样爱它们。

在写这篇导读时，我无意中听到气象预报员正在电视上播报，有一股低气压（Low-pressure System）正在逼近。我立即就想到这个词可以用于概括我这本书要传达的概念。尽管我写过一本标榜为励志、成长和自我完善的书，但是我不想让读者感觉本书不过是另一本有关期望、职责和“幸福任务”等的汇编书，而这些东西只会给他们那永无止境的工作清单再添加更多的压力。相反，我想呈现一个“低气压”，给读者提供不同的认清事实的选项、想法或者实际的解决途径。

我们与幸福的对话是一次自我的独白——没人能告诉我们怎样做可以让自己幸福。没有普遍适用于所有人的解决办法。在内心深处，每一个人都知道他想要的是什么或需要的是什么，那么为了过一种向上的、更加有意义的生活，他们就可以去准备这些东西。我的希望是，在本书中，你能发现一些提醒你的东西，和一些“原来如此”这样的瞬间，将触发你直觉上希望识别并修补那已破损的东西，去清除那些正在阻止你自由往前行的东西，以及那些阻止你真正享受你“人生的破折号”的东西！

要变得更好不一定非得生病

今天书店的书架上躺着数不清的励志书籍，吹嘘着一些要达到“自我蜕变”可以采取的新的、改善了的策略。这是因为我们很多人都在寻找一种清晰的路径，这一次，这个路径能将我们的压力最小化，却可以将我们的产出最大化，并且帮助我们在生活和工作之间获得那个永远都难以达到的“平衡”。

那种用“已验证过的”计划去改变生活的书我也买了一些，并且读了他们那复杂的计划和煞费苦心的策略，他们希望我离开书店后，用这些计划和策略立即着手将书中的每一步和每一章都运用到我的生活中。然而，在读过这些书，并急切地采取了书中前4个或者5个建议的行动之后，无法避免地，我变得失去兴趣，激情也已消散，并且慢慢地恢复到之前那熟悉的、消极的习惯。

那正是我写这本书的原因！本书讲述的是一些著名的、可引用的轶事和有着独到见解的建议，这些东西都没有编号，之间也没有必然的联系。每一个故事、每一首诗歌和每一堂人生课程都是独立的。没有哪一章节的内容包含需要读者必须完成的任务，不完成就不能继续下一个章节。每一个故事都包含着自己唯一的令人惊奇的建议或使人获得灵感的“破折号”。我认为，建议越简单，它就越容易保持，越容易记住，并且越容易将其实施到我们的日常生活中去。这本书的目的，不是让你相信你的整个人生可以一下子得到改变，而是随着时间的推进，把你所做出的那些小小的、有意义的改变结合起来，这些改变一旦结合起来，就有可能创造那种“自我蜕变”。但是，就算蜕变不如预期，或者没有达到百分之百的蜕变，结果难道就没有让你成为一个更好的人吗？难道生命中你做出的一个或者很多积极的改变就不值得你花时间和精力吗？

提出一个忠告或建议不能是强迫别人去做一个改变的“决定”。改变包含了独立做出的选择，而决定是一种判决、一个总结、一项定论。我倾向于用选择这个词，因为选择去修正一个习惯或者重新改变他行为标准的人，在这一生中会不断重复面对那个相同的选择。做一个决定，或者下一个定论会带来额外的压力，以及从一开始就可能为失败埋下伏笔。举例来说，当一个抽烟的人做了个“决定”：戒烟，每次烟瘾犯了的时候，他就会选择重新再做一次决定。相反，选择是个人的，是一种想要按照已选择的路径走下去的意图，认真且自觉。

离改变生活，你总是隔了一个选择的距离。

——马尔西·布罗奇奥威亚克

自从诗歌《破折号》首次出版以来，这14年间，我有机会与地球上成千上万的人通信交流，因为通过我的文字，他们找到了我们心灵之间的一种直接连通感，所以他们觉得与我分享内心最深处的感觉比较容易。我分享了成千上万个人的希望、失望、幸福、恐惧、爱情、失去与人生经验。尽管彼此从未相识，但他们征求过我的建议、指导，有时候仅仅是我真诚的支持。这就好像我的文字已经在我和这些来自全球各地的人之间建立了一种虚拟的连接。这些文字触动了数百万人的内心，它们的鼓舞将持续渗入他们的心灵和大脑，就像一滴滴的水珠被海绵吸收。

有关生命和生活，我通过这些连接的魔力所学到的，比我以任何一种教育途径学到的还要多。我了解了人——了解了生、了解了死、了解了付出与爱，也了解了努力去充分享受他们的“破折号”。我知道没有任何其他东西能让我更好地写下这本书。如果我第一次见到的是人的外在自己，那么我的文字则允许我能更好地了解他们的内在自己。他们赐予了我这个机会，可以绕开外在的障碍和伪装——尽管我们不曾相识——去深入他们的内心，触动他们的心灵，而不是在正式的见面中，伸出手来与他们握握手。因此，在本书中我所给出的故事和教训不仅仅是基于我自己的生活和经验，也是基于从他们的生活和经验所学到并得到的东西之上。

我认为，如果一位作者或者诗人写作的目的是为了营利，而不是为了鼓舞人心，其结果在读者挑剔的眼睛中是明显的，文字如果不是源自真诚、源自内心，而是因为急不可待、空空如也的口袋，读者是能够辨别出来的。我的目的是为了给读者提供足够的鼓舞人心的食粮，依赖这些食粮，希望他们能成长并丰富他的“破折号”。如果读者能够辨识本书所涵盖的部分、大多或者全部的独特想法和概念，并且感觉自己不得不将他的发现与人分享，那么我将荣幸地认为我的努力是一种彻底的成功。

琳达·埃利斯

Linda Ellis

Live Your Dash.

— Make Every Moment Matter™ —

过好生命的每时每刻

刻在墓碑上的那根短横线，
在生卒日期之间，
代表着地球上我们走的每一步
……和每一次呼吸。

对很多人而言，它不过是一个连字符……
表示两个日期年份之间的时间，
但就在那小小的破折号中，是整个人生，
充满欢笑、爱和眼泪。

我们每个人创造自己的遗产，
有一天由我们的破折号来表示，
并决定赐予我们的这场生命
是否真正活过……而不仅仅是虚度。

有人认为自己成功，
因此他们可以挥霍无度，
但你怎样度过你仅有的那个破折号
才是唯一真正重要的。

因为成功不能用
你会买什么，或拥有什么来衡量，
但可以用你感觉到的骄傲来衡量，
用当你独处时
……真正的自己来衡量。

时间偷走我们的每一天，我们的每一个小时，
在我们认出这个小偷之前，
我们每天都不知道
我们的破折号里还剩下多少时间。

日常生活中的责任；
那些账单、工作和金钱，
影响着我们选择怎样使用
这个重要的小小破折号。

生命用特别的瞬间，
好似诗人使用韵律，
在我们的心上、灵魂上刻下
一个个、一段段珍贵的时间。

我们往往忽略了这些礼物，
尽管我们可能不是有意为之；

我们径直从一个特别的瞬间旁边走过
而不是从中经历过。

这些还在创造中的回忆，
就在此刻发生，就在此地发生；
如果我们不花时间来制造时间，
它们很快便会消失。

体验每一个瞬间
去欢笑……去爱……去生活……
去了解我们从生命中要究竟拿走多少
……了解我们究竟可以给予多少。

因为当我们在这地球上的时间接近尾声，
我们不会记得每一天，
但我们会回忆起那些瞬间——
这一路上我们选择去认真度过的瞬间。

将你的一生看作一部小说——
你，作为唯一的作者和创作者，
写下每一章节，每一章节也都亲自生活过，
为了将来要去阅读、要去珍惜的那些人。

他们会说，你度过你那破折号时，
是带着忧虑、压力和喋喋不休，
还是知道你抓住了
你必须抓住的每一个机会
过好了生命的每时每刻？

ON SELF-REFLECTION

关于自我反思

确认、实施、前行（R.I.P.）

我收到很多邮件，询问我那么多故事从何而来，质疑我是否真的行如所言，是否遵循我所写的故事中那些积极的主旨。我的回答始终如一。那些故事灵感来源于我的每一天生活、我的每一次努力和我的每一丝恐惧。一个好演员通常真的会将自己全身心投入想要刻画的角色环境中去，这样一来，他的演出才够真实、真挚。如果出演一个罪犯，那么他会探访监狱，进行实地了解；如果饰演一名猎手，他可能会去学习怎样握枪，以免在电影里像个新手一样；我写那些故事时也是如此。如果我未曾亲身经历，或者去通过别人的眼睛看到那些恐惧、希望、梦想，以及某些时候生命中特定方面的痛苦，那么我也不会提笔将其叙写成文。是的，我努力去实践过我笔下那些积极的理想生活，但是人无完人。我敢肯定，作为健身大师的理查德·西蒙斯（Richard Simmons）已花光了 Twinkies (面包品牌) 的股份。

大多数人认为 R.I.P. 这个英文首字母组合代表的是“愿你安息”(Rest in peace)，这个组合时常是在失去挚爱和好友的时候才用到。它多与生命的终结联系起来，那也正是为什么我会选择这个众所熟知的首字母组合来代表一个简单的主旨，希望能给我们的生活带来帮助。我已将这个首字母组合进行转换，表达以下寓意：

确认（Recognize）、实施（Implement）、前行（Proceed）

我相信，只要遵循这三个动词而行，就会把我这本书中推荐的那些简单、强大、积极的建议付诸实践。确认、实施、前行是任何一个可以改善我们生活的秘诀中至关重要的三种组成要素。

确认：

- 确认那些存在于自身也很容易在其他人身上发现的不足或缺陷；
- 确认现在的你和你想成为的自己之间的距离；
- 确认那些不必要，你却又时常不自主地植入生活中的压力、最后期限和承诺，它们毫无用处，对你怎样享受你的“破折号”只会带来消极影响。

实施：

- 实施那些能把不足或缺陷转化成优势的必要改变；
- 实施那些能缩短现在的你和你想成为的自己之间距离的积极方法；
- 实施一个思考过程，将你听之任之而渗入到日常生活中的那些自我诱导的压力最少化，甚至完全消除。

前行：

- 诚实地展开自我反省，通过主观的努力，结合这些新掌握的、应用起来简单方便的方法，专注于在这短暂一生中真正重要的事情上，并学会充分利用你所拥有却经常忽视的有限机会，去体验，去享受你生命中的每一个精彩瞬间。

接受现实

人总有一死。我们提出一些令人振奋的办法让本书成为一本鼓舞人心的书，好吗？不过，似乎“死亡”这个事实已经成为我们有意要避开的秘密。死亡是我们最普通、最普通的共性。它是联结所有生物的唯一纽带。也正是死亡，让我们每一个人最终成为万物的一部分。然而，一提到这个词，人们的反应却是惊人的不同。我们都知道这就是事实，心理上却是迟迟不愿意接受它。然而，现实是，我们越快认清现实，直面真相，我们才能越快真正开始享受我们的“破折号”——我们那匆匆流逝的生命。我将要死去。你将要死去。当我写下这句话时依偎在我脚上的猫咪、我窗外怒放的玫瑰，还有今晨你上班路上递给你咖啡的那位女士，都将要死去。在真正意识到并且完全理解生命是如此短暂，我们才有可能学会去珍惜那馈赠给我们的生命和它那无穷的价值和意义。

时间是我们最好的导师，伴随着衰老与成熟，我们逐渐意识到“生命的脆弱”。这个现实经常突如其来如晴天霹雳般冲击着我们的意识。近来，我看了一部纪录片，其中一名海军军官坦率地说起自己与死亡擦肩而过的那一瞬间。他叙说了自己是怎样度过了好几个月的强化训练，学习了怎样应对各种情况，其中就包括不同的死亡场景。他完全相信自己已足够坚定，也准备好了去面对并且接受将会发生的一切。但是，直到一名战友在离他只有几步之隔的地方倒下的时候，他才终于理解何为现实。

我真正意识到“死亡”这个现实，是缘于多年前的一封信。当时，我工作过的地方收到一封信，这封信是一位职员的妻子所写，那时他的妻子已经时日无多。我被她的这封信深深地触动了，所以特意保存了一份，希望按照她信中所述的那样去生活。

你有遗憾吗？有一些。但我担心的东西太多了。我担心找不到如意郎君，我担心生孩子，担心不能守时，担心迟到，担心……其实都没有关系。船到桥头自然直，现在一切都好了。即使没有那些忧虑和眼泪，一切也都会好的。如果我早知道这些的话……但是，我确实担心过，就像你现在正在担心一样。我们都将会死去，不要再忧虑了，开始去爱，开始去享受生活吧。

读过之后，她的文字便在我脑海中挥之不去了。这封信让我停下来，开始思考。这就是生活，这就是我们得到的一切。终有一天我们每一个人都将死去，不会再有下一个明天，这是个事实，并且是个绝对、不容争辩，却又不幸的事实。一旦我们对死亡这个现实不再抱有幻想，也就消除了它能带来的负面影响，一旦我们能公开讨论死亡这个现实而不带一丝病态的恐惧——即使仅仅只与我们自己讨论，我们就能真正开始享受我们的生活。

“接受现实”这个方法几乎可以适应于你个人生活和职业生活的任何一个方面。虽然这个方法看起来也许会太生硬，但是，这种坦率所节省下来的时间和精力，会完全弥补这一路你所有受伤的情感或被误导的设想。当我们开始一个设想或开启一个目标时，如果能避免或者消除不必要的干扰，就算时间不花太多，就算不去忧虑，只要我们用更诚实的方法——就因为更诚实，所以更高效，我们也能完成那个任务。

事情就是如此

分析：将（一个物质或抽象的实体）分解成它的组成部分或者元素；确定元素或者元素的基本特征（反义为“合成”）。

哼？甚至“分析”这个词的定义都要好好分析一下才能理解。

我赞同分析那些阻碍我们获得世界和平的世界冲突的必要性，我也认为分析坠机事故背后的原因是有必要的，但是“分析”一词并不属于我们的日常用语。多半的情况是，对简单事物去做分析反而就小题大做了。往往，“事情就是如此”。

搬去佐治亚州几年之后，我去拜访了一位分析家。因为当时我十分害怕——可以说是毫无根据地害怕飓风。我觉得这是因为在我怀孕9个月时，在一个暴雨天去房车停车区拜访了一位老朋友。听到气象员通知大家立即疏散，我开始慌了。你曾见过一个房车停车区内整整300位居民要在短短15分钟之内疏散的场景吗？很肯定，我要把孩子生在92号公路上了，我开始疯狂地搜寻安全的地方。我就像一头母狮子在羊群中搜寻最弱小的猎物一般，眼睛在一个购物中心仔细搜索。啊哈！一个比萨店。我认为店里的假水泥墙应该能抵挡得住F4级的风暴（当时我确信是这样的），而且，我当时觉得暴风雨即将全力地冲击我周围半米的所有范围（所以说是毫无根据的害怕）。可是，他们竟然不让我进去！当时我就在那里，一个疯狂的孕妇紧握双拳敲打着店门。我无法想象他们为什么不开门！后来，我沮丧地发现，原来，因为早就预料到龙卷风即将来临，那个区域的店铺和餐馆门都已上锁并封锁了其周边区域。

接下来的几周里，我试图忘却那次事件，试图忽略我在暴风雨中那些不理智的行为。但是，我就是不能忘记我做出的反应。我害怕，下次乌云出现在我眼前时我会做出同样的反应，因为乌云的出现是必然的。

我试图诚挚地向这一位著名的心理健康专家解释我的恐惧：

琳达："医生，这几天的小飓风让我害怕不已。"

医生："我认为你的恐惧来源于你小时候家庭的破裂，那是人生的十字路口，对你十分重要……"

琳达："不是的，无意冒犯你，但是我很肯定，是因为那次飓风。"

医生："那是家庭的基础……但却分崩离析了……而你渴望家庭能重回圆满……"

琳达："不对……真的是因为那次飓风。"

医生："一场龙卷风所带来的伤害就代表着家庭破碎对你早期心理的伤害。"

琳达："不是的……确实是因为那次飓风！"

我们害怕和恐惧的大部分原因来源于无知：那些我们不确定的事情，或者还没主动去学习的东西。当我意识到这一点的时候，我便更多地开始接受现实。我开始去阅读有关龙卷风的知识，看纪录片，天空中出现乌云时，我也不再扭头就跑，而是直面它并仔细观察。我开始仔细思考，龙卷风单单击中我家的概率真正有多少，我也搜索了，在这些年来我所在的州出现过的上百场龙卷风中，究竟有多少龙卷风肆虐过我所在的镇。这样做的时候，我真正感觉到我的恐惧在消散。我了解得越多，学到得越多，我害怕得则越少。我已将无知的成分从我的恐惧（对未知的恐惧）中清除，因为，我已将无知变为已知。

在南方生活了大半辈子之后，我对龙卷风依旧怀有敬畏之心。只是，现在我不会一有风吹草动就聚集每一个人、每一只小动物，抓住任何一样对我哪怕只有一丁点用的东西，包括面包机、订书机、一盒狗饼干，甚至簸箕（嘿，你永远不知道紧急情况时你会需要什么好吗），然后立马朝地下室冲去。现在的我，会专注于现实情况上，并且接受现实。

当我们只看事物表面时，大多数情况反而更容易解决。当一件事情上附加的变量越多，理由越多，那么往往问题和答案之间的距离也就会越长。

随着年龄的增长，我发现了很多对其他事物的恐惧，其中就有对死亡的恐惧。我祖父母一个接一个地离开了人世。我太害怕了，以至于我都不敢参加他们其中任何一个的葬礼。对此，至今我仍耿耿于怀，悔恨不已。但是，我从父亲那里学到了怎样去生活，这也最终教会了我怎样面对死亡。后来，我终于能够现实地面对死亡这个事实，正如父亲一般。父亲的职业是技师。他看待生活的心态是“哪里坏了，找到它，修好它”。他会接受现实，而不是去假设。当得知自己有恶性肿瘤时，他想知道的是肿瘤的具体位置、大小，还有哪些器官会受到肿瘤的影响。他会把医学期刊和人体器官图铺满整个起居室的地板。当我看到他那天生的才智复活时，我也就迅速开始理解他的意图了。我亲眼见证了他是怎样看待一台工作机器——发动机和人体之间的相似性的。他想完全了解，用机械术语来说，人体的“发动机”“变速器”和“汽化器”是怎样互相配合的。同时，当他的器官（或者按他的术语来说，动力部件）开始衰弱时，他清楚地知道为什么，也知道接下来将会发生什么。通过清除对未知的恐惧，他已准备好去面对死亡。他把对死亡的恐惧真正割裂、消除的时候，我在一旁看着、学着。与此同时，不知不觉我自己对死亡的恐惧也消除殆尽了。

给自己提建议

有人说后见之明有事后诸葛亮之嫌，但是去给别人挑刺找茬时，带上隐形的双光镜却十分重要，它往往能让我们看得无比清晰。此外，如果别人似乎无法像我们一样清楚地察觉到他们自身的缺点（我们相信那是些十分明显的缺点）的时候，如果他们也不像我们那么迫不及待地去迅速改正那些缺点时，我们会觉得困惑不已。再者，为什么聚焦到自身的错误和不足时，我们那副双光镜却不知不觉摘下来了。

我们认真地给朋友和家人提意见，为此我们大多很自豪。我们用心倾听，精心评价，我们尝试去解决他们的问题。但事实上，真心朋友的定义绝不只是去解决朋友的问题。通常，朋友与我们分享他们的担忧，其实是在寻求指导意见和支持，而并非彻底的解决方法。他们需要的只是一种共鸣，别无其他：当他们听到自己在诉说那些赞成的、反对的以及困难的实际情况的时候，问题的答案也就无比清楚了。简而言之，他们需要的更是一双耳朵来倾听，而不是一张嘴巴去提意见。

不管怎样，很多时候我们怀着同情之心去倾听，同时我们也在脑中竭力找寻那个朋友不曾要求的解决办法。当问题不是我们自己的问题时，我们会不遗余力地找出问题的症结所在，并随时提供意见和解决办法。

而如果是我们自己的问题时，也许很容易就可以找到解决办法。当你给他人提出建议或者给出推荐时，能像佩兹糖果盒出糖那样迅速脱口而出的话，很有可能你内心已有了最好的武器来对抗你的对手：你自己的意见。朋友或者爱人与你再亲近，他们就算再了解你，也不可能比你更了解你自己。对我们很多人来说，麻烦出现时，第一反应便是向别人寻求意见或者咨询。但是，我们不会意识到，往往在向朋友倾诉心声之前，我们其实已经知道如何解决问题了。我们假装寻求指导，实际却是在寻求肯定。

我们会对那善解人意的倾听者说出问题的两个方面，希望他们的看法与自己的一样。事实上，为了保证自己的想法能得到别人的肯定，我们寻找的倾诉对象，往往是那些我们清楚会与自己想法一致的朋友。

如此，最佳的解决办法将是克隆我们自己，那么就可以创造出一些完美、量身定制的并可以解决问题的个体。这些克隆体会比其他任何人更了解我们，会随时都与我们的观点保持一致，会一直给予我们专注专一的关心，并且能提供不带任何评价和态度的观点，不偏不倚。另外，我们也能确定，他们放在心中的也只会是我们的最佳利益。但是，我们也都知道那是不可能的……还是有可能？

都说我们最大的敌人就是我们自己。同样，反过来说，为什么你不能是自己最好的朋友？在向其他人寻求帮助之前——除非你需要的仅仅只是一个身体的拥抱、一个带着同情的拥抱，还是先审视一下你自己。在把所有牌都摊上桌面之前，估算一下你手中已拥有的东西。在给别人添麻烦之前，先考虑一下给自己提建议。比较一下这个方法与那个“有内在联系”或者能拿到“内部消息”的方法。你能找到的最直接、最诚实、最有效的信息来源于最接近核心的部分。

———

站到一面镜子前。坦率地对自己的心说出你的想法，就像我们在小学学到的那样，大声说出来。与你自己进行一次交谈。相信自己的本能，依赖自己天生的资源。如果，当你穷尽了所有观点和选择，你发现自己仍旧渴望局外人（除了你自己的所有人，不管与你多亲近，都在局外人之列）的意见时，也仅仅只有在这个时候，你才可以去满足你的渴求。但是，请别忘了类似于“他比我更了解我自己”这样的陈词滥调往往是带有欺骗性的。接受现实。任何人都不比你更了解你自己。

内在的饰品

每天我们都会精心打扮自己来提升自己的外表形象。我们会洗漱、刮胡子、修剪头发或者化妆。我们这样做是为了让自己在别人眼里、在那些旁观者或那些“外貌协会成员”的眼里更有吸引力。每天，他们对我们的外表形象进行无声的评判。殊不知，这些都是徒劳。

最初，我们从镜子里的自己那里寻求认同——我们“外在的自己”。一些人会满足于自己对自己的看法，而另外一些人却把赢得其他人的赞赏作为首要目标。每周我们都花好几小时来修饰和完善自己的外表形象。但是，那个形象，不管我们怎么精心去打扮，却总是限制着我们能向外界所展示的自己。然而，保持一个美丽的外在自我却往往变得比致力于美化真正的自我（“内在的自己”）更优先。

我们每天都打扮自己，为的是提升自己在每天所遇见的人眼中的形象。我们搭配着装和配饰，仿佛备齐整套装备是一个强制性的任务。我们会去买那些配饰，如吊坠、胸针和卡扣，把它们别在头发、夹克上，戴在手腕、脖子、手臂、手指和耳朵上。所有这一切都是为了把外在的“我”装扮起来。如果人们也能看到内在的你，那么你每天会给它加上什么？在你出门之前，你会选择哪些配饰——如果有地方可以买的话——来美化、打扮、装饰你内在的自己，使它配得起别人的肯定？如果有一面镜子，可以照出你的态度、你的人生观和你的心态，你会喜欢你在镜子中所看到的吗？你会骄傲地把素颜的它展示给世人看吗？你在镜子中的那个影像还需要什么？为了提升自己的自豪和自信感，你会怎样来装扮你的内在自我？你会增加善良、慷慨和慈悲的内在配饰吗？你的内在形象会缺乏考虑、同理心或者耐心吗？你会选择从你的影像中去除哪些内在的装饰呢，贪婪、傲慢、自负？想象一下，如果那个影像也正在盯着你看。如果你真实的理想自我呈现在镜子当中，你会怎么想？

Live Your Dash.

展现内在

你的内在配得上你的外在吗？
你的外在是否又配得上你的内在？
你预想到要去做的善行
被你的皮囊所限制了吗？

你的想法和你生活中的实际行动，
它们彼此相近，还是相隔天南海北？
你生活的方式
是你内心深处所想的那样吗？

内在的你与
别人所见到的你是同一个人吗？
或者，两者相抵相异，
而你的良知为此疑惑不已？

为了去适应每个环境你会做出改变，
正如变色龙变换它的肤色一般吗？
还是，你会真诚与人交流
你真正的信仰和观点？

你会违背你的理想吗？
当它们似乎不时尚的时候，

并沿着阻力最小的那条路走下去，
而不是大胆地继续我行我素？

长大的你，已学会了
生活教给你的所有课程了吗？
你尊重独处时
的自己吗？

你会表扬自己
那仅存于脑中的善意吗？
你能将“按我所说的去做，别按我所做的去做”
以“按我所做的去做”替代吗？

真实的你与
别人看到的你有差别吗？
真实的你与
你想成为的自己有不同吗？

别人是否可以信任你而
永远不会被你欺骗，
也能看到真实的你，
而不是你希望别人看到的那个你？

他们是会看不到差别，
还是会在懊悔中悲伤，
今天内在的你能否
成为明天外在的你？

所见即所得

WYSYWYG（读作“wizzywig”）是“所见即所得”（What You See Is What You Get）的首字母组合。这个术语用来描述计算机系统中，在编辑阶段，屏幕上所显示的内容将与最终打印到纸张上的效果几乎完全一致。

互联网上流传着揭露一些漂亮女明星妆前妆后照的帖子。没有化妆，没有那些配饰，她们的外表也只能归到“普通女子”一列。在“所见即所得”的状态下，卸下浮夸和奢华，我们更容易发现，其实她们也有疤痕，也有不完美，也有各种问题。

几年前，因为早已安排的一场十分重要的演讲，我准备出去买一整套合适的装备。然而，那天实在太过忙碌，所以我穿的衣服与我经常光顾的那些衣店的氛围不相匹配，我也没时间化妆，以戴上这个自己已适应的妆容面具，好让自己藏在后面。那天，我的状态就跟平时星期六的状态一样，完全素颜，是一种“所见即所得”的状态。

很快我便发现，自己不如前几次光顾这些店时那般受欢迎，那时，我的衣着与店内氛围完全匹配，自己也精心打扮了一番。尽管，这对我来说并没什么。但我可以看出，大家（店内服务员）都会认为，在这种高级店里出现的那些个带着棒球帽、扎个马尾辫、牛仔裤上还有一个明显窟窿的人，他们不可能有什么白金卡、金卡，或者可以无限制地购买衣服。遗憾的是，那天那家店基本没有给我提供任何服务，所以作为回报，我没有买一样东西便离开了。

随着时光在我眼前迅速蒸发，我开始感受到一种深刻的质变。现在的我，内心强烈渴望能重回过去的简单，挖掘自己天生的资源。睫毛膏和假指甲我也用得越来越少，更少用它们来掩饰自己，并且开始完全反对那些抗老化商品广告所传达的任何一个观念。我之前经常认为，随着时间的推移，我对那些能掩盖皱纹、淡化笑纹产品的渴望只会增强，不会减弱。尽管，正如许多女性一般，我还是会用黑色睫毛膏来刷睫毛，睫毛膏的成分对我来说至今还是个谜。只是这样日常的装扮比之前也少得多了，仅限于工作需要。我已发觉美化外在的自己太浪费时间了——时间却又是我最珍贵的与生俱来的资源，而且，我也发现自己越来越不情愿把自己如此珍贵的资源浪费在那些无关紧要的习惯上。因此，疯狂的节食也停止了。我现在会花时间收拾房子，让它看起来很干净，却又是一种可接受的干净，而不是试图将房子打扫到一尘不染，似乎里面没住人一样。现在，我更多地用我那短暂易逝的破折号来执行一个更加令人高兴的仪式：装扮内在的我。

汽车里配套了转速表、车速表和里程表，用来测量每分钟的转速、速度和已行驶的里程。如果我们生活中的其他非生物体，也要有仪器来测量它们的用途，那会怎么样？如果我们的镜子上装有虚荣仪，可以测量每天我们去照镜子时审视我们“外在自我”的次数，那会怎么样？如果仪表读数高的话，我们会认为自己虚荣？没有安全感？还是两者都有？我大女儿还是个婴儿时，我们遭遇了一场车祸中，那是因为一位妇女没有让来车先行引起的。除了我们的车有损坏之外，我的膝盖也受伤了。作为一名年轻的职业母亲，当时我的经济并不宽裕，因此我向过错方司机的保险公司寻求经济资助，要求他们支付我的医疗费用。伤口生理上的疼痛最终逝去，但，从那次经验中得到的教训我至今受用。

为了寻求法律上的指导，我向一位律师说起了此事。我跟他说，整形医师建议我做手术矫正反复错位的膝盖骨。律师的回复至今都让我震惊。他回答道：“很好。有伤疤，赔的钱更多。”我请他进一步解释一下，他说手术是保险公司赔偿的考虑之一，但是如果我身体上留下某种哪怕很小的永久性损伤，那么医疗赔偿金额也会更大。换言之，身体内部的损伤可能会导致我身体内器官疼痛，但是如果大家能够清楚明白地看到“外在的我”受伤了，那么我获得的赔偿会更多。于是他热心地鼓励我去做手术。然而，我发现他的这套推论源于另一种完全不同的关心，对钱的关心。我感谢了他的“关心”，随后便挂了电话。

我永远都不会知道，他的那堆话是否影响到我最终的决定。我并未选择去做手术。我不是那种心理十分在意伤疤的人，但我知道，每次穿短裤时，建议我动手术那背后的原因将会一直困扰我。

作为一个社会人，我们太注重外表了。就拿心脏来说，一直以来，心脏被视为人体精神、道德和情感核心的代表。在诗歌上，我们用它来象征并表达爱慕、同情、关怀，当然还有爱情。然而，真正的心脏（一个不怎么漂亮的人体器官）却不是那么好看，就因为它在某个时期某个阶段被选中用来代表爱情和浪漫，就必须对它做点改变。（还有其他一些器官可以用来代替它表述爱情。但是我想，把歌词“我把我的心留在了旧金山”换为“我把我的肝留在了旧金山”，或者那句老话“他总是把心情挂在脸上”换成“他总把肺挂在袖子上”，听起来就没那么舒服了。）

正是因为（不漂亮的）心脏被视为表达同情和感情的器官，很明显，就必须要将它转换成一个卡通的形象。不然，为什么不让它以原本的形象印在纪念日卡片或者情人节卡片上呢？

那是因为人们喜欢看到表面上所看到的！同样的原因，漂亮的家具往往是由廉价的压制板填充制成的，而外表可能是精美的橡木饰面，有着错综复杂的原木设计，而里面不过就是比木锯屑稍微好一点的材料。人们往往被漂亮的外表所吸引——那些能愉悦我们眼球的外表。我们已习惯于认为外在形象是最重要的。

从技术上来说，贺卡应该类似于这样：

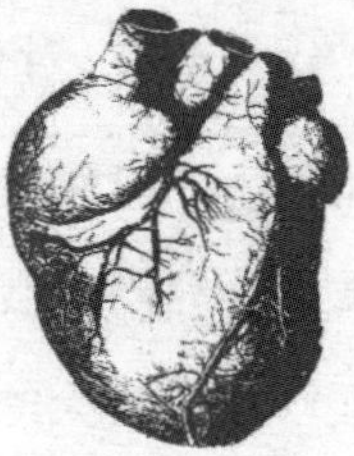

心动，只为你……

然而，下面这个形象更加动人：

一说到心脏，只要不是心内科医生，我们便本能地想到它已被风格化了的形象，对此我们也已习以为常。再者，我们也相信，不幸的事情发生时，我们会“心痛”。而事实上，是我们的大脑在处理不幸的细节，而且是通过大脑我们才能感受到悲伤。因此，本质上，我们遭受的是“脑痛”，而不是“心痛”。

第一印象

目前你生活中有多少人在第一次见面时并没有给你留下一个好印象？在你下决定给他们归类之前，你有没有给他们第二次、第三次或者第四次机会？而后来你发现这些人中，又有多少人对你的第一印象也并不好？你永远不可能有第二次机会去建立你的第一印象，这是真的，但那些将往后与你的关系建立在对你的第一印象上的人，恐怕大多也根本不值得你去关注吧。

我们一定要记住，事情往往与第一次见面时看起来的不一样。每一个故事都有两面。我两个女儿还小的时候，在一个夏日午后，我和丈夫带她们去附近的公园参加一个户外活动。我们面对舞台坐着，等待演出开始时，下起了小雨。早就预料到会变天的我，随身带了两把伞。一把给她们，一把我和丈夫用。但是，我的小女儿大概还没有懂得分享的艺术，她拿伞直接遮住了自己的头顶，却让姐姐暴露在雨中。我们再三要求，甚至严厉警告过几遍之后，她还是拒绝与她姐姐共享伞下干爽的那片空间。作为父母，有时你会利用这样的机会给孩子上几堂宝贵的课。过了一会儿，我伸手过去从她那里把伞直接拿过来，递给了姐姐，这样一来，她金黄的头发马上也暴露在雨中了。我认为，下一点小雨在她固执的头上也许会有点用。几秒钟之后，一对好心但是爱管闲事的夫妇坐在了我们后面。他们来之前，事情就发生了，所以他们并不知道内情，当无意听到他们评论一个可爱的小姑娘却坐在雨中时（噢，多可怕的父母啊，居然这样做），我笑了。同时，他们还给我女儿递过去一把伞，我女儿当然也不会放过这样的机会，立马用她最甜美的音调回答说："噢，谢谢你们，太感谢了！"

不要相信第一印象，
因为往往事情不是看起来的那般。
有时最瘦小的球员
却是球队中最好的选手。

“我”感染

有一种常见病，经常被称为“我这个怪兽”，或者与短语“我、自己和本人”联系起来，我已授予它“我”感染这个称号。可能仅仅是出于简单的自恋，我将这种病定义为，基于优先并首先考虑自身事务、问题、需求和感觉的一种状态。这种状态，再加上，认为自己的生活负担——在任何一种情况下——都比邻居的负担更要繁重，便创造出了“我”感染。尽管我不认为，至今为止有哪个医学期刊对这种混合病症给出了鉴定，但我可以告诉你，一旦它的行为意识确定下来，它是可以治疗并且治愈的。（你可以称这种治疗方法为“抗我素”。）

起初，这个症状是，在公众场所倾向于只关注自己，强行把已有的谈话话题来个一百八十度转弯，从说话者那里转到受感染者认为的大本营——他们自己的生活、他们的事务、他们的关注点，还有他们的难题。为了证实这种话题转换是有价值的，他们就会给话题“添油加醋”，把它编得更坏、更好，或者更简单地把它排在一个比刚才谈论内容更高的成就表位置上，以此来提高大家对这个故事的兴趣。

患这种病的人最明显的症状便是他的态度似乎缺乏同情心、同理心和/或那种与生俱来对他人的关怀。我用“似乎”是因为那正是患上“我”感染这种病的人在别人眼中的样子，尽管我不认为每每都是这样。明显缺少像同情心和同理心这些特质并非一定意味着完全缺失这些特质。要治疗这种病，患病者必须首先识别，然后是承认，接着就要诚挚地想要改正这个问题。这样一来，很快便会痊愈。

“我”感染来源于小时候养成并遗留下来的一个策略。小孩子有一种强烈欲望，一直不停地想要吸引别人的注意力，而且很多成人也乐意这样做，他们相信给予小孩百分百的关注和表扬，能够帮助小孩建立自信和自尊。

对患有“我”感染的成年人，有两种观点。一种观点说，可能是因为他们小时候得到的条件反射性喜爱和关注太多，以至于现在成年后也希望从其他人那里得到同等的关注。另一方面，有人说是因为小时候他们没有获得足够的关注，因此，现在想从其他人那里获得。不管怎样，这是一种令人不悦的病症，并且即刻可以观察到。

很不幸，我们很难察觉自己是否患上了“我”感染这个病，但是当遇到同样感染这种病的人时，我们却能立即发现。同时，这种病会传染，当“病患”越努力去声明他的优越性时，那些无辜的参与者也越想立刻反击去压制这种讨人厌的行为。很快他们便会发现自己已置身于一场“高人一等”的比赛中。两个都患有“我”感染的人，在为了获得公众的关注、互相的关注和“焦点人物”这个称号而争论时，他们对自己周围的事物变得毫无察觉。有一次，我看到一个喜剧演员谈论这个病。他说道，只要你说自己最近拔了一颗智齿，那么你就可以立即分辨哪个是患有“我这个怪兽”的人。他们会马上回答道，“哦……我去年拔掉了整整四颗智齿呢……一次性拔掉的……而且……为此我躺了好几天……而且……你还没能说完你的故事，整个谈话就变成了像是顺风射出的一支箭，突然指向了患有“我”感染的那些人，现在他们便开始富有计划地控制整个谈话。

用心倾听这个能力，任何人都可以具备，也是最值得赞扬、最受欢迎的特质之一。用心倾听是一门艺术、是一类品质、一个礼物。有一个懂得倾听的朋友或者自己懂得倾听，本身就是一笔巨大的财富。然而，真正的倾听，并不仅仅是不时地回应“哦、哦”，并且随意地点点头，它包含更多。我看过一些谈话专家的文章，他们建议谈话中重复对方说的一些话来再次表明自己的兴趣，也证实自己确有认真倾听。但，对于那些患有“我”感染的人来说，这并不是一个很好的策略，因为他们不会放过任何一个把注意力从说话者身上转换到自己身上的机会。他们会把这样一种打断看作传递给他们的火炬，让他们得以接管整个对话。在最先开始话题的人和其他在场的人还未知情时，他们就会把谈话转向他们自己的故事、他们的生活和他们的经历，他们将会成为新的话题者。

治疗“我”感染的第一步是识别这个病症。这包含了专注于用心倾听（而不是热心倾听)，并学会多点头，而不是插话。沉默和眼神交流更能让别人知道你在认真听，并且你也关心他所说的。倾听是与生俱来的，但是我们大多数人也可以学着怎样做到更好。时不时地插话，谈论你自己的经历并不能证明你在听，只能说明你认为自己似乎不得不说出来的东西更好、更坏或者更有趣。非但不会证明你在认真听，你对此感兴趣，它只会表明在另外一个人说话时，你自己却在思考并且计划着什么。

你有没有过这样的经历？当朋友回忆一件事情而你并没有完全认真听，却被问到“你怎么看”时，场面尴尬不已。你有没有试着用一个答案来掩饰，而这个答案只会表明你刚才根本没有认真听这个事实，就这样，你给自己挖了一个更大的坑。一个试图给予别人一点半点的关心和关注的朋友，比一个直接承认自己不懂得倾听的朋友还要糟糕。

我们都曾遇到过患有“我”感染的人。你现在有没有想到，自己的家人和朋友也在这类患者之列？你在自己身上有发现一些症状吗？或者，其他人内心已知道你患了“我”感染这种病？经历了伤害、痛苦、压力和责任之后，其结果是我们往往不知不觉就被转化为以自我为中心的人。慢慢地，我们的生活开始主要围绕我们自己的需求、自己的事情、自己的感觉和难题而转。当我们纵容生活变得忙碌，以至于冷漠开始替代同情，这时，在潜意识里，我们停止了倾听，而不可避免的就是，我们开始过上一种基于自我关注、自我中心和自我怜悯的生活，这种生活并不令人满意。当我们打开耳朵去真正倾听别人，我们同时也打开了我们的心灵。倾听，是我们作为人类首先做的事情中的其中一件。我们通过倾听去学习……我们也通过倾听而长大……要想重新关注我们优先得到的那些能力，我们就必须打磨这个基本特质。

你会选择你吗？

对别人而言，你这个朋友是自己想象中的那样吗？对于人际关系，你给予的比获得的要多吗？你具备那些在别人身上存在并且你也钦佩不已的品质吗？请诚实地思考下面这个问题：如果你有机会，也了解到目前你所知道的所有东西，你会选择成为自己的朋友、自己的知己、自己的配偶或者同伴吗？

你们很多人会受到自尊的驱动，给上面的问题一个响亮的回答："是的！"然而，你对自己完全诚实吗？你要求你的朋友关心你，而你关心别人吗？你要求你的同伴们可靠可信，而你值得他们信任吗？你要求你的家人体贴关怀，而在他们最需要的时候，你给过他们爱和同情吗？

如果在回答"你会选择你吗"这个问题的时候，你在迟疑，而那又为什么？生活中你希望别人是怎样一种人，难道你自己不是这种人？难道你没有具备你希望你朋友、家人和同伴所具备的那些特质吗？你可以接受现在的自己和你想成为的自己之间的差距吗？或者，你愿意缩短这个差距吗？

如果有人要你列个短表，写下在你离开人世之后，你希望别人会选择用来形容你一生的那些形容词，然后，再列个短表，诚实地写下你认为他们会用到的形容词。把这两个表比较之后，会有什么不同呢？今天你能做些什么样的小事情，来保证将来那两个短表彼此符合呢？也许你可以打电话给一个老朋友，给他道歉，更大度一些、宽容一些、有用一些，行善举、多微笑、少抱怨。不管什么样的任务或者改善，只要你觉得能够弥补今天的自己和你想成为的自己之间的差距，那么你就可以开始实施它们——从今天开始。

新生快乐！

常言道，今天是你余生的第一天。从此往后，去开始改变自己的人生。不要做那种下周再去考虑的决定，也不要在你的清单上再加一个待做的任务。就从头开始。没有什么可以阻挡你在这余下的生命中第一天的下一分钟就开始改变。首先，就是要选择。就请你马上做选择。

如果眼睛是由镜子做成，
我能看到别人眼中所看到的，
他们眼中我的那个影像会与我认为
别人所看到的我自己一致吗？

ON
关于幸福
HAPPINESS

做好准备（去生活）

有哪对反义词可以描述自你出生那天开始，就每天都在做，以后也会做，并且同时都在做的动作？呼和吸？走和跑？微笑和皱眉？不，这些动作你都不能同时做！答案是，活着和死去。就在现在，你活着的时候你也在死去，而你死去的同时你也在活着。哪个考虑得更多就取决于你自己了。

“我现在还不能死——我还没开心地活过……”你是否生活在一种永远无休无止地为生活做准备的状态中？你是否已落入一个用今天的时间计划明天，又用明天的时间去计划下一个明天这样一个循环中？如果你是那种必须有图形、计划工具、指导意见和计划好的任务才开始去做一件事情的人，那么就在日历上今天那一栏（用墨水）写下接下来的这句话：“开始生活！”

大多数情况下，要开始做一件事情，你就得加速做另外一件事情。因此，要开始生活，你就必须得做相反的一件事：减速，这听起来可能多少有些令人费解。我之前常用加速的客运列车比喻这个过程。当列车加速时，窗外的景色不过是模糊一片，根本看不清是什么。你不可能识别每一处的风景，不可能带着敬畏去欣赏景色的壮美，或者去专注并感恩与你擦身而过的所有风景。然而，当列车开始减速，风景则会变得清晰很多，你也会有时间去辨认、去享受生命本质之美。的确，有时候，欲速则真不达。

“时间似乎静止了……”不管什么时候听到这句话，我都会笑起来。不，时间并没有静止，而是你停下来了！时间只存在于相片中，这是已知的唯一能抓住时间中某个瞬间的工具。

如果我们挑战时间的冠军，只需一个回合，我们就会求饶，
正如次中量级选手挑战重量级冠军，
除了是一个丢脸、不堪一击的挑战者，我们将一无所得。

我的四个 D

从我四十岁开始的这十年，可算是我迄今为止最开明的一个十年，因此，我认为，为了帮助我去真正生活，而不总是准备去生活，一个 4D 策略可能更加合适。

摆脱（Disengage）：为了开始向前走，我知道，必须摆脱阻碍我向前的那些束缚。我也清楚，有时候需要暂时离开目前的生活，这样才能退一步去看清楚整个画面，去重新评估你需要优先考虑的事情。通过不断从心理上摆脱那些消极的行为，我为将来实施那些积极的行为腾出了空间。

减速（Decelerate）：为了专注于我周围的世界，我必须放慢速度，这样我生命中美好的事物才不至于模糊不清。因为走得太快，我已错过了太多。我必须松开加速器，直到我能看清我现在已变成了什么样的人，才能将这个人与我想成为的人作比较，才能弄清楚哪些还需要改善，才能去缩短差距。

拒绝（Decline）：在磨炼我生活技能的同时，我必须弱化取悦别人的技能。尽管这有时会让我感到难过，但我必须学会怎么婉拒那些需要我花时间、花精力的要求和邀请。曾经我将自己冠名为“万事女王”。我努力去帮助别人，随时随地。当你对所有人都给予帮助，对所有人都给予太多帮助的话，这会影响你所给予帮助的质量。我必须意识到“不”

这个词其实也是一个完整的句子。

减压（Decompress）：定义：把（一个暴露在高压条件之下的人）逐渐带到正常情况下来。在我四十岁时，经过不断练习我的4D策略，我已经能够给自己减压，以更慢、更舒缓的速度来开始真正的生活。通过减少压力，我能专注到更多事情上，能给予更多的东西，并能更有意义地生活。

星期六做的事情

随着不断地创新，时代发生了翻天覆地的变化，过去，正常的“工作日”习惯上指星期一至星期五这几天时间，而星期六则被保留下来了——保留下来让人们去享乐，让人们体验工作地点之外的生活。

然而，我们的生活越来越忙，压到我们肩上的责任越来越多，那些工作日里没有做完的任务也越多，而这些任务却开始侵占我们的星期六。本来是享受生活的星期六，已慢慢被工作日里因为或这或那的原因而没有完成的零星工作和差事所填满。星期六往往不过是星期一至星期五的一个延伸……被工作填满了。

每次当我开始说星期六我需要做哪些事情时，我丈夫总会回答：“列个清单吧。”我讨厌清单。我手机里有个清单，我办公桌笔记本上有个清单，我电脑里有个清单，甚至还有一个永远没写出来的清单，24小时在我脑海中挥之不去。我必须写一个清单的清单，来记录我的那些清单。

我最近决定了，在一年当中随机选取一些星期六，把它们变为完全无事可做的休息日。无事可做并不是指昏昏欲睡或者毫无生机。事实上，完全相反。我说“无事可做”，字面虽是这样，但指的是没有那些清单的星期六。很多人都知道，我有时星期六起床后，就直接跳到车上，毫无目的地开车走了，把我那些清单抛之脑后。我把这种行为叫作自由的自发行为。要同时无事可做又精力充沛，这似乎有一点矛盾。但是通过自由自在去做一些事情，通过去探索新的途径，不再让清单来控制我的每一个行为，我已经给我的星期六重新带去了创意、热情和欢乐。我现在会期待那些没有清单的星期六，因为它们不再是被没做完的任务和差事填满的星期六，而是充满了即兴、偶然、自发的……生活。

生命的资费套餐

你有没有见过，一些手机公司的广告上宣称他们自己的资费套餐比竞争对手的要好，因为他们的通话时间可以转存起来连续使用？如果生命也可以那样岂不是很棒——如果我们一天可以只使用我们需要的那么多时间，而把剩下的时间转存到第二天、下一周或者下个月使用？然而，不幸的是，我们都知道，生命的“资费套餐”不允许“通话时间”的续用，所以我们唯一的选择就是，要么用光它们，要么错过它们。

因此，为什么不充分利用你一天当中“未使用的”时间呢？如果你被困在牙医办公室，等着你的预约，你可以与别人攀谈、随身带上一本好书、从周围环境中找找是否有好玩的东西。有一天我坐在医生的办公室，开始研究他们放在笼子里以供观赏的鸟儿。我发现自己完全融入它们的环境中了，看到它们被关在笼子里我也感到难过。我想知道，一只小鸟是怎样应对如此的挫折的——造物主赋予它翅膀和自由，却仅仅因为其他人喜欢它的羽毛和独特的气质，就夺走了它那些馈赠。我比较了一下它们所面临的窘况和我对抗焦虑药物的需求，我吃抗焦虑的药只是为了让自己镇定下来，能够在核磁共振室里待上半小时。我也想知道，这些不能飞的鸟儿是否也有小小的专门给它们吃的抗焦虑药。幸运的是，当我的思绪开始散开时，就听到了我的名字，我需要进去看医生了。

问题是你自己身处何方——不是心理，而是身体的。在特定的时间，与你在同一个特定地方的人和事都能给予你学习的机会、成长的机会和充分利用你所处位置的机会。很容易你就能判定，与你一起坐在宠物医生办公室沙发上的那个人是否平易近人。如果是，那么你可以与他开始聊天，问一些问题，交一个新朋友，即使只是暂时性的朋友。如果他不那么接受友好攀谈的话，你也别往心里去，然后找其他事情去消磨时间。如果你在街上走，你可以微笑、招手……充分享受那一刻。当你在飞机上时，充实度过你的“现在”，而不是简单地忍受整个飞行——尽量把它利用起来。

生命给予了我们美好的瞬间，让我们去识别它们，但是生命并没有把那些“并不那么美好的瞬间”丢弃，因为它们也同样充实着我们的生命。接受那些高峰低谷、荣盛枯衰、起起伏伏。这些矛盾的节奏正是生命的脉搏。学会随着这个节奏行走、舞蹈，学会再一次意识到享受的欢乐。充分利用生命资费套餐的每一分钟。与生命谈一场恋爱！不管你在哪里，要全身心地活着，就在那里。

生活，如生命快要结束般，还是如你正在活着一般

我们都曾听过这句名言：“像生命快要结束般生活。”围绕这个概念有人写过一些故事，基于它传达的意义也有人写过歌，这句话在布道辞、演讲、书籍、心灵专栏中经常出现。但是，它究竟是什么意思？是要将其理解为它在暗示你必须要像即将死去一般活着，而死去的时间是明天，下星期四，还是下个月？

这句话自认为是对人生的顿悟，它明显的含义是，想象医生告诉你一个不幸的消息，你只有有限的时间去弥补自己犯下的过错、完成你生命中想做却因为或这或那的原因而没时间完成的“遗愿清单”。它潜在的意思是，我们要做的就是那些心理上一直拖延没去做的事情。当然，单从字面上理解，这句话是不现实的，因为如果我们真的得知我们即将死去，我们可能会辞掉工作、早餐开始吃起司蛋糕，去加勒比海随意一处的沙滩上，舒舒服服躺下来享受生活。如果医生推测一个相对健康的病人其生命即将结束的日期，情况更有可能是这样的，你的医生走进检查室，说道：“我

有一些消息要告诉你……你只有四十一年的时间可以活了……”

因此，为什么不转换一下这句话的本质，用它来表述事实，比如说：“生活吧，就像你正在活着一般！”因为你现在本来就活着。

重要的是你快乐的频率，而不是快乐的程度。
幸福的那些顶峰——为某件事情神魂颠倒、征服一个巅峰、
在拉斯维加斯赢一大笔钱，这些都是美好的，
但是幸福最终会归于大多数时间对生活平静的满足。
——乔伊斯·布拉泽斯博士

拒绝休息

你曾经是否说服自己相信“充满（塞满、挤满、拥挤）”跟“满足(满足、知足、满意)”是同一个意思？

你有没有考虑过永远忙忙碌碌地生活？

在潜意识里，你有没有将两个相反的场景——维持生活和享受生活，相混淆，以至于你无法区分两者意义的不同？

你是否将保持积极、高产的生活与令人满意、有价值的生活等同视之？如果无所事事会不会有内疚感？

你是否认为，就因为你可以随时去做计划好的事情或有意义的事，而你就必须去做？

偶尔什么都不做也没什么不对的！这并不意味着你懒惰或者没有效率，这也不可能永远改变你的生活。如果一个需要充电的工具开始电量不足，则需要再次给它的电源充满电。它需要再充电，不然就没用了。我们的身体也正是如此。有时候，除去我们睡觉的时间，我们也需要再次充电、再次恢复、再次补充燃料。我们的身体、思想、心灵、感觉和精神都需要一些不受打扰的时间。就好像我们已经在脑海深处构造了一

个虚构的时间警察，只要我们想休息，它就会走出来给你一张传票。只要醒着，我们就想自己一刻都不闲下来，很明显，这是自己给自己的压力。无所事事之后我们会感到内疚，而这种内疚我们可能会归咎到生活的压力上，但只有我们自己才会带来这种内疚感。

愚蠢等待者

向目标、希望或者梦想努力之前，你是否有过等待？你在等待什么？你是在等待别人的批准吗？你是在等待最佳场景的出现吗？你是在等待一个信号吗？你是在等待你目前的生活或者环境出现改变吗？还是你在等待行星排列成一个特定的形状或者等待地狱冻结吗？不管你等待的是什么，如果你是在等待随着时间流逝，外界影响会导致你生活出现积极改变的话，那么你只是一个愚蠢等待者。愚蠢等待者，表面上看起来，他们活着就是为了死去，但是从内在来说，他们只是急切地想要活着。

在企业界时，我曾担任过好几个职位，其中的一个就使我有幸遇到了我所认识的最诚实、最令人尊敬的一个人，并与他成了朋友。在一个公司尽心效力几年之后，他很想退休。他花时间去计划、去梦想他退休后的日子，不夸张地说，他在为退休后的日子而活着。他平时生活节俭，每年都把大部分的钱存起来作为退休基金。后来，他买了一辆房车想和妻子周游全美。他花了大把的时间来筹划他们原本计划想去的地方的路线。最终，退休的那天终于来临了。公司给他举行了一个大型的退休派对，他收到了他想要得到的所有礼物，还有那些善意的情感。然而，他的梦想被突然中断了，因为他退休后不久，就突然去世了。

生命会一直给我们不同的人生课程，只要我们带着开放的思想去识别它们、接受它们并且想从它们那里学习。为了梦想和目标热情激昂，期待梦想并去相应地做计划是极好的。但是，当我们浪费当下拥有的大部分时间为明天而活，却将是一个昂贵的错误。

当我们正在为生活疲于奔命时，生活已离我们而去。

——约翰·列侬

Live Your Dash.

“中间这一天”

昨日永不重现；
明日无法预见。
唯一重要的
是中间这一天。

过去与未来，
用那些已逝去的
或可能到来的记忆与情感
将我现在的自己填满。

期待与惋惜，
似乎侵蚀着我的灵魂，
直到我被时光的茧包裹
而自己无法控制。

尽管一天已永远逝去，
它的每分每秒却慢慢流逝，
而我从未得到允诺，
那有关明日的允诺。

当下是最完美的融合，
融合我曾做过的事和曾到达的地方。
我比之前任何一刻都要衰老，
却再不会如此刻般年轻。

今天，我庄严宣誓，
只对自己，
将昨日的遗憾和悲伤
置于高阁……

无法触及，也彻底忘记
那压力和悲伤是否
与它们的同伴；
那对明日的担忧，一起忘记。

我将要挣脱把我束缚在
不能重来的事情上的枷锁，
因为应该到来的永远会来，
而已然发生的，我也无法改变。

我的心将要拥抱今日的自由，
此时此地将更加重要。
我将尽享我生命的每个瞬间，
就好似我从未享受过……

了解我所拥有的一切，
而不是我缺少什么。
将所有的障碍放手，

那被我纵容着阻碍我前行的障碍。

我已经过去的过去
和即将到来的将来，
不管它们可能代表什么，
都不及
中间这一天美妙动人。

微笑效应

微笑，简单的嘴唇弯曲上扬。对于自己的微笑我们已习以为常，尽管它是我们可自行支配的、最强大的免费交流工具。微笑可以跨越国界，是独特的调停者、破冰者和面部美容师。它的副作用比任何一种处方药都更有效。微笑带来的即时反应是自然自动的。甚至强制自己微笑都可以影响你的心情、你的态度，也能提升你的形象。

上个月某一天，就这么躺在南方的星空下时，我明显地见识到了微笑的力量。当时我躺在浴缸里，头枕着枕头，抬头盯着上空。突然，我发现了一片云的形状很独特，轮廓清晰，好像是某个才华横溢的艺术家在天空中的作品。那是一个完美的笑脸，角度倾斜得刚刚好，就像正在直接低头盯着我一样。讽刺的是，我当时一个下意识的反应居然是……对着它也微笑了！我花了好一会儿才意识到到底发生了什么。那是一个本能的反应。是当有人朝我微笑时，我会自发地微笑，根本无须我的允许，但这是一个温暖的交流，而且感觉不错，至少直到我察觉到自己独坐在浴缸中，冲着一朵云傻傻地微笑之前，我是这么觉得的。

那个夜晚，我意识到一个微笑就代表着一个即时的连接——一个可识别的举动、一个常见的连接。对我们一些人来说，微笑正如呼吸一般自然。甚至，我们会经常意识不到我们在微笑。一个真诚的微笑可以改变先入为主的看法，或打破尴尬环境下的紧张不安。但是，微笑时，不仅仅是你的嘴巴在笑——当你真诚微笑时，你的眼睛也在笑。做这么一个实验，你表情严肃地去照镜子，只看你的眼睛，然后微笑。即使不去看你的嘴，从眼睛里你也可以看出微笑所带来的不同。微笑是善良通往你的眼睛、心灵和灵魂国度时所用的护照。

微笑可以跨越任何一种语言障碍，信息传递不会有任何失误。微笑的目的可以立即被辨识，很少被误解。最近我去一家沙龙，那里的女性、管理部门和人事部门都不会说英文。然而，通过手势和微笑，那里会说英文的资助人，包括我，就我们的要求与他们交流得十分顺畅。突然，发生了一件事情：沙龙的经理在和别人打电话，用的是她本国的语言，说得既快速又流利。很显然，在电话那头，她的朋友给她讲了一个非常有趣的笑话，因为她刚开始是窃笑，接下来变成咯咯地笑，再而突然变成了大声的、开怀的大笑。看着她微笑，看着她大笑，笑到眼泪都流下来，整个房间的人就像受到病毒感染似的，不知不觉，我们都开始歇斯底里地大笑起来，因为什么呢……我们都不知道！她的微笑、她的笑声、她的温暖，如此鲜明地散发出来了，我们都觉得自己不得不去分享这个乐趣，尽管我们都不知道真正是为了什么。似乎在那几分钟的时间里，我们说的是同一种语言。

我时常微笑。我会对陌生人微笑。尽管我知道别人不会以微笑回报我，我仍旧会这样做。为什么？因为微笑就是我的一部分。我也知道，一个不爱笑的人并不就意味着他是个糟糕的人，很多人也都有着他们自己不常微笑的原因和憎恨。我知道，对部分人来说，在经历过生命极度的痛苦与失望之后，很难再次对生活抬头微笑。我也知道，人们将面部表情看作一扇门。如果他们微笑，他们会觉得这扇大门会对这个不友好的世界敞开。他们不相信，但我相信，分享微笑就像是心灵的阿司匹林。它能帮助我们，把伤痛从我们心底移出。

为什么这么多人害怕微笑呢？是否他们认为微笑会暴露自己的脆弱？当他们想与人保持距离的时候，微笑会让他们更容易接近吗？有人觉得微笑能消除那堵他们建立在自己与世界之间的隐形隔墙。而我说，就算偶尔那堵墙消除了，又会带来什么伤害呢？在一场球赛中总是打防守，也不能帮你取得胜利。

尽管微笑背后真实的意义有时很难察觉，尽管当微笑被用来掩饰伪善的时候，往往也令人误解，但，一个诚挚的微笑却总能让人的一天开心起来。它是最强大的信号，它的意义比所有其他表情都要更突出。往往，不需要任何语言，需要的仅仅只是一个微笑。

之前，为了宣传目的，我曾去拍过一些职业照。之后，我在工作室整整坐了一个半小时，等着看我的“即拍”照片的样片。我坐在一把没有扶手的椅子上，不断地调整自己的坐姿，也暗自欣赏坐在身旁那位客户的手提包，我无意间听到那个女推销员（她的工作牌上应该有“马屁经理”这个头衔）正在跟一位客户说话。

很显然，公司认为不断地奉承客户的照片对公司的季度利润会有直接的影响，这些奉承就包括，“啊，那个笑容太漂亮了”“这张照片你的眼睛好明亮，好有吸引力”等。（我猜，那个女推销员肯定最近刚看完公司培训手册里“多多赞美客户，提升销售业绩”这一章节。）

然后就轮到我了。我坐在一个大屏幕前面，照片伴随着背景音乐在幻灯片上一张张展示出来。如果给这个音乐配上歌词的话，那么歌词将是不停重复的一句话：“买这张；这张你很好看。还有你看的这张，也买下来。”

但是，我也提高了自己的防御意识，洗耳恭听那些冲着我的支票本而来的赞美，那些空虚的、不描述事实的赞美。当一张张地展示我的照片时，我正等着那位受过培训的“马屁经理”告诉我，我脸上的表情是多么“美丽”，我拍照时“心情多么好”，正如我听到她对上一位客户说的那样。因此，当我听到她选择来描述我照片的那个形容词时，我很是惊奇。她认真研究了每一张照片，然后若有所思地转过来对我说，“你的笑容很……”对于她将要从成百上千个潜在候选词中选出来的、作为她销售策略的那个词，我早已有所预料，那无非是：漂亮或者迷人（或甚至是腰背很直或皮肤很白）！然而，都不是，她用了一个高度低估的形容词“有感染力”来形容我！我回答道，“有感染力？”一方面有点失望，因为我没有获得被夸大的赞美，一方面也有点好奇，好奇她为什么会选择那个特定的描述。我自己想着，“可能她是想表达友善，或者体贴的，甚至是一致的！”我要求她说明一下。“有感染力？”我再问了一次。她点了点头，再次确认那就是她从相机镜头捕捉到的表情里所发现的特质。然后，另一个女推销员走过来也附和道：“是的，她有感染力！”

嗯，我想……好吧，也对。我的笑容很有感染力。我可以接受。也算万幸。当然，这个词没有让我花更多钱去买更多照片，但是，它确实激发了我去思考。随后，我甚至去词典里查了这个词，它的比喻意义是：“可能会传播或者影响到其他人……传播的……传送的。”

突然我意识到“有感染力的”，这个形容词的确是一个褒义的描述，尽管我之前只听到它用作贬义。事实上，它是我获得的最真诚、最讨人喜欢的赞美之一。我很高兴我是感染人的！即使我没打算在拥挤的房间里或者在电梯内大声重复这句话，但是，我立马对自己许诺，要变得更加有感染力！

此外，我想，如果每个人都展示他们的微笑，或者展示一种值得被称为有感染力的态度，那么世界会变得更美好。我简单地想象了一下，我独自引发一场医学界称之为“友好病毒”的病毒大爆发，它将像传染病一样感染上百万的人！它将如瘟疫一般通过微笑在人与人之间传播，在飞机上、在交通拥堵的路上、在杂货店排队的人群中……

尽管这个新发现的特质似乎把我冲昏了头脑，但是我仍然希望自豪地继续用我“感染人的”微笑，以“会传染人的”态度，正面去“感染”所有我遇到的每一个人。更多地去感染别人，见证它是如何给出现在你世界中的人带去深刻影响的！

快乐之人会使他人也快乐。

——安妮·弗兰克

过滤器

当我们朝四周看去，就有机会看到成千上万各形各色的东西。但是，在某一瞬间我们只会选择去看一小部分事物。通过使用一个透明的过滤器，就像有一百万个微型孔的筛子一般，我们自动将事物分为两部分：我们选择去看清楚的那部分和在视线周边的一部分——剩下的那部分。

为了避免感官超负荷，我们会过滤掉巨大的随机数据，在这个过程中我们所有的感官都被调动起来了。通过过滤，我们在整个世界中创造了属于自己的内在世界。很自然，你所创造的世界与我创造的世界会有极大的不同，尽管供我们选择的东西有可能相同。我们可以过滤我们的思想。过滤我们的记忆。也可以用过滤器来决定允许什么东西进入这个世界，什么东西可以最终构成我们想法和态度的一部分。

把你的生活过滤掉会不会更好一些？有可能，但是重要吗？随着我们变老，如果只专注在开心、幸福、欢乐和令人振奋的那些瞬间上面又有什么坏处呢？我们不一定非得忘却那些负面的记忆。我们只需要把它们在记忆中封存即可……存在记忆深处、压在一些箱子下、在某个黑暗的角落里……

正如我们能够过滤自己怎样回忆已存储在记忆中的往事一样，我们也可以过滤日常生活中去感知现实的方式。去年冬天，我就使用了一个过滤器彻底改变了我的态度，也拯救了我那一天。我们度过了从 19 世纪以来的第一个白色圣诞节，在那几周之后，一场创纪录的降雪降临佐治亚州，把我们都困住了，正如新闻报道说的，“瘫痪了”。对这种突然降雪的准备，我们远不如北方的邻居，因此，当地的企业、主要的州际公路、大学和中小学都关闭了，邮递停运了，天气预报都令人沮丧不已地含有同一个字眼：冰。这场暴风雪对我和公司来说，来得都不是时候，因为公司还要收发隔天的支票和包裹，而且还不得不取消已安排好的会议。尽管雪的美令人惊叹，但也没能抵过它带来的麻烦。

新闻播报着暴风雪如何使南部陷入瘫痪，听到这样的报道之后，我准备出门，亲自去评估它所带来的损害。我对着头顶灰色的云冷笑了一下，对着露台栏杆上的冰来了一拳。看着冰破碎，然后砰然坠地，这似乎让我感到稍许满足。这一周对我公司业务来说是关键的一周，这场暴风雪肯定会给我造成时间和金钱上的损失。那天下午，我收到了生意伙伴们发来的邮件，生产效率停滞不前，他们同样焦虑不已。我们有制订好的计划，也有要跟进的时间表，还有最终的期限。

我当时把手放在露台栏杆上，去撑着我那隐隐作痛的脑袋，正好隔壁10岁的小男孩扎卡里，在房子角落蹦蹦跳跳的。今天回想一下他那张脸，我都不确定我能否记起还有哪次曾见过那么灿烂的笑容。我看着他穿着靴子，揣着一股劲儿从雪地里猛冲过去，在院子里设计出了一系列复杂的隧道似的小道。他欢快地叫喊着，张开双臂："明天就要停课咯！"然后他在旁边的雪堆上捡起一块形状独特的冰，就像拿着一块玻璃似的，翻过来转过去地透过它仔细观察，还激动地喊叫起来："看！这个是不是很棒？"他弯下腰捧起一捧没被动过的雪，大口吞了下去，似乎那就是冰淇淋。他兴奋地说起他看到的东西、他做的事情，以及所有发生的一切。他对所有一切都感到兴奋，而这种兴奋就在他的双眼中闪动着。

刚开始，我只感觉到一阵莫名的嫉妒，我以为那是嫉妒。当然他能够快乐，起初我是这么想的，他又没有截止日期、会议或要签收的包裹等着他。他有享受的自由。然而，很快我又看到了那如黑白之间的对比。尽管我们看到的是相同的事情，但是我看待的方式却与他不同，我被这个事实触动了。这就像我们两个人同时经历了不同的现实。为什么我没能简单地接受我无能为力改变的环境呢？为什么我没能够决定充分利用当下的情形并且尽情享受那些转瞬即逝的瞬间，而是用它们去抱怨呢？是的，扎卡里，雪地里确实有欢乐可寻，也有一个冬季的奇境可供我们欣赏。像这样的时光在南部可谓少之又少，接下来，我那紧张的行程就开始慢慢减速了。

我立马抓过我的帽子、围巾和手套，径直穿过后院。我朝我的狗扔过去一个球，看着它开心地在雪地里跑起来。我试图做一个雪人，但最后这个小雪人的形状却很奇怪，它的头和身体到处往外伸出小小的松叶。我慢慢地散步，那长长的脚步给过道的一侧设计出了一个图案。雪花满满地堆在它还没习惯的寄主上——我们的紫貂棕榈叶子，似乎面露讽刺，我给这个也拍了一些照片。

我看到屋檐上那犹如水晶长矛般的冰凌直指地面，光折射在上面，闪耀着。这个景象让我想起小时候的一个假期，在洞穴中看到的钟乳石。接着，我看到鸟儿在结冰的地上跳跃着，似乎从来没有这么快，它们笨拙地试图从冰上找到一些小虫子可以吃一顿。我只将积极的事情过滤进来了，并且，通过这样做，我决定了我该以怎样的方式去经历一件事情，也决定了这件事情往后会以怎样的方式被我记住。正如一个小孩子一般，我开始选择用乐观的滤镜来看待这个世界，那些美好的、欢乐的、积极的事情会被优先过滤进我的世界中来。

事实上，在生活中我们只会看到我们想看到的。
如果找寻丑陋，那么你会发现很多。如果你要挑毛病，挑别人的、自身事业的或者整个世界的毛病，那么你肯定也能找得到。但是，其反面也是对的。如果要到平凡中去寻找不平凡，
你同样也可以训练自己找到它。

——理查德•卡尔森博士

给你的一天贴上标签

有一天你有一个重要的会议，但是早上闹钟却没响，去厕所的路上

磕到脚趾，跌跌撞撞下楼去冲咖啡，却又把咖啡泼了一身。你不停地大声说："这一天倒霉透顶了。"有那么些天，它开始的方式会让你觉得可以用电视节目《欢乐酒店》的魔咒来形容："这是个狗吃狗的世界，我却穿着狗粮做的内衣。"这个说法可能部分是正确的——困难无法避免，而不幸却是可选的。

就算事情一开始很糟糕，但这一整天也不一定非得糟糕不可。重新开始就行了。我并不是建议，要真正重新躺回床上、重新设定闹钟、走路时候注意床脚，不是以这样的方式重新开始。我只是建议，最好不要就此给那一天贴上一个标签。就从那个特定的时候开始，继续你一天的生活，不贴任何标签。不管是在早晨或者一天中的任何时候，当你给那一天贴上标签，你就在心中给这一整天设定了一个基调。这样一来，你会去说服自己，认为如果一天开始的方式不太理想，那么接下来的一整天只会更加糟糕。同时，事实也确实如此——如果你允许它发生的话。但是，你却可以在任何时候把这一天扭转过来，你只需要使用最有效的一个工具：你的态度。第一步就是要意识到，你对"糟糕的"一天会有此预感，其背后的原因是你对待每个状况的态度，而不是状况本身。

我经常读一句名言："并不是每一天都很美好，但每一天一定会有好的事情发生。"为什么不能每天都是好日子呢？我们是唯一可以做这个选择的人，我们的选择是基于对消极刺激的反应而做出的。有那么一天先前被贴了"糟糕的"标签，在这一天里，你过多久会开始想："今天快点过完吧，我实在等不及了！"你不停地希望那些时间快点消失不见，其实那些时间完全可以挽救，最后你也有可能在某一天十分渴望想把那些时间要回来。因为一件或者几件倒霉的事情，就在心理上给那一天贴上一个消极的标签，你不过是帮助自己实现了一个自我应验的预言。如果最后，这一天也正像标签所示的那样"糟糕"，那也是由于你自己对现实的解读而造成的。

是时候审视一下我们自己的态度了吧？我们很容易说服自己从一开始就认为，我们将会有糟糕的一天。给一天贴上标签的问题是，一旦我们接受了那天根本不值得期待、不值得我们用热情去迎接，那个态度能、也往往一定会毁掉并且将余下的一整天都重新改变方向。这就好似那种在研究中给一定比例的患者开一些糖片，却告诉他们那是镇痛药而带来的安慰效果。往往，服药之后，他们会报告说疼痛减轻了一些。他们心里希望并且期待吞下去的药丸能减轻疼痛，而且在一些情况下，他们就真的认为疼痛有所减轻。

基本上，如果仅仅因为一些坏事发生，就认为接下来坏事还会继续发生的话，你就更容易将那个想象的场景变成现实。另外，让自己持续处于最初的消极模式中，甚至可以导致你将积极的事情也解读为消极，因为这正是你所期待发生的。不要自己创造你的消极模式。前一分钟的结果并不代表下一分钟的结局。

快乐不是一个决定，
而是一个选择，去选择欢乐而不是悲伤。
今天，你可以选择快乐，不选择悲伤，
明天醒来也可以做同样的选择。

原谅……忘记？

要做到第一个比第二个容易许多。很多时候，我们原谅他人比原谅自己要容易。还有些时候，我们可以接受道歉、口头上表示原谅、内心也感受到宽恕，但随后，我们却难以忘却对我们所造成的伤害。问题是，是否仅仅原谅一个人就可以自动地完全赦免他？或者，是否整个过程需要一个重要的部分——忘却，才能完全被宽恕？

只是，人怎样才能忘却已经发生的不幸呢？你怎样简单地把深深扎根在记忆中的东西清除掉呢？似乎简单地专注去忘却一件事情结果只会让你更加关注你试图忘却的那件事。

曾经有人告诉我，我应该尝试一种想象治疗法，它可以帮助我将记忆中痛苦、沮丧和失败的那些瞬间清除出去。他们教我在心里想象，把不幸的那件事吹到一个气球中，把气球扎紧，并想象风把气球吹走，当气球消失在高空时，也把我的烦恼一并带走了。但是，这个对我来说没有用。在我的想象中，气球会缠到一个电话线上，然后，所有的痛苦、沮丧和失败就沿光纤直接传回我这里。

然后我试过我自创的“橡皮擦治疗法”。在我年轻时，我最喜欢的一个玩具叫作神奇画板。它有一个红色塑料框，中间是灰色的屏幕。里面装满一种沙子，作为小孩子，我曾确信这种物质是有魔力的。这是一款有创意但是简单的玩具，画板角上有两个小旋钮，可以左右旋转，并且通过沙子“画”图，然后在屏幕上显示出来。然后，当你完成一幅画时(或者，对我来说，当讨厌的哥哥毁掉我的艺术创作时)，把画板翻转过去并且摇几下。当你再把它翻过来时，你的画不见了，你又有了一张全新的画板，来创作你下一幅巨作。

我曾试过，在心里把生活中发生的那些不愉快画到屏幕上，然后把画板翻过去，摇一摇，就把它们擦掉了，也就表示着那些不愉快从我记忆中也清除掉了。我看着它们在“神奇画板”的魔力沙中消失不见。但是，在我想象中，那两个旋钮可以自己旋转（很显然，它们跟沙子一样具有魔力），而我不开心的记忆又出现在屏幕上，如我开始画时一般清晰。

我的尝试失败了，而我的朋友却一点也不惊讶。他又要我想象一个红色的盒子，这个盒子代表了我生活中发生的各种不愉快混合在一起。接着，他要我努力忘掉那个红色盒子，完全忘掉。我试过在脑海中用橡皮擦把它擦掉。我试过想象着把它烧掉。我也试过用十种不同的方法把它消灭掉。而我越努力尝试，我一闭上眼睛就越会看到那个红色的盒子。我越全神贯注想要从脑海中清除这个盒子，图像反而变得越明晰。我尝试过分散注意力疗法，刻意去想其他事情试图忘记那个红色盒子。我想过大象，也想过沙滩。当然，接下来想到的就是一头大象踩着波浪朝着——还有什么——沙滩上一个大红盒子走过去。我发现，对我来说，故意去忘却一件事情几乎不可能。

我听过很多鼓舞人心的演说家和一些专家随意谈论到，在生活中得到了教训，我们该怎样从中去学习，甚至从那些不愉快的事情中去学习。同时，他们又建议我们把过去留在身后，大步向前走。我开始想，这两个方面怎样才能同时做到呢？如果我们真的想要去忘记，因此会把不愉快的事情留在身后，但是，从那不愉快的事情中我们又得到了教训，照这样说，我们不是把那宝贵的教训也一起抛在身后了吗？我们怎么可以心里记着新得到的教训往前走，同时又试图忘却我们从中吸取到教训的整个事件呢？

我发现，秘密就是不要试图忘记整个事件，而是要将其分割开来，只记住好的那部分。学一下吧。

把痛苦的细节抛在脑后。去年圣诞前夜，我从楼梯上摔下来。现在每次下楼，我都会紧紧握住楼梯扶手。我并没有抓住摔坏脚踝的记忆不放，去再三回忆整个经历——我只是抓住楼梯扶手。我从里面吸取了教训，把负面的细节都留在了身后。

宽恕别人，我们也可以这样做。我们可以原谅，然后忘记一件不愉快事情的消极方面，同时，要牢牢记住在这件事情里吸取的教训，带着这个教训继续我们的旅行。我们可以放下那些错误；我们可以放下那些遗憾；我们也可以放下那些责备；但是我们可以记住从其中得到的教训。

后视镜

我们都知道，沉迷在那些不愉快的细节中是不健康的。学会把沮丧和失败的消极方面留在身后对我们来说十分重要。我喜欢用这个类比：想象一下挡风玻璃的大小。你要透过挡风玻璃往前看，这样才能往前走、继续往前走、大步往前走。挡风玻璃很大。然后想象一下后视镜的大小。它比挡风玻璃要小很多。这才是你审视以往的失败和沮丧的地方。把它们放在身后，就像从后视镜里看它们一样。它们就像远处的景象慢慢地消失不见，因为透过挡风玻璃看到的景象才更加重要……是你的未来，在等你到来。

第六感和第七感

我们都知道人有“五”感，也就是很多专家都认为的最有名的五种认知途径：我们的听觉、视觉、嗅觉、触觉和味觉。（尽管我也曾读到过，其实神经学家并没有就感官的数量达成一致，因为对感官的构成每个专家都有不同的定义。）

多年来，很大程度上，我们学会了依赖我们的感官。我们受到自身感官的影响。一条狗会去吃一张之前包过起司汉堡的纸，就是受到它感官的影响。就算我把双手放在刚刚熄灭的蜡烛上，我发誓，我可以感受到温暖。

我想非正式地给以上五种感官再加上两种。我建议的第六种感官我们每天都会用到，与最初的那五个没什么不同。这种感官应该得到更多的认同，实际上却没有。它是当我们选择去做，或者不做一件对的事情时，我们内心深处的一种感觉。这第六种感官就是我们的良知。

每天我们都要面临对与错之间的选择，我们做的每一个决定都是基于一场情感斗争的结果。去做一件正确的事情，我们就得在内心与我们的良知进行一场内部争论，而且我们必须获胜。我们与贪婪斗争，与仇恨斗争，与褊狭斗争，所有这一切都只是为了去做正确的事情。那些声称从未感受过情感斗争的人并不值得赞扬，也经不起细查，因为他们否认经历过那些斗争——这些斗争都应该得到认同，因为，他们都学会了怎样从斗争中获得胜利，学会了怎样做到立即毫无疑问或者毫不犹豫去做正确的事情。

我曾经常常疑惑，有一些人是怎样为特定的行为去辩护的。我已得出结论，这些行为，尽管看起来不正当或者动机不积极，往往都是因为情感斗争失败所致。更糟糕的是，有可能根本没有进行任何内部斗争。

当你逐渐成熟，你的良知开始有自己的声音。这个声音代表着这些年来，家长、老师和劝告者那富有深刻见解的话语的变形，一直到今天，它就成为了你自己的声音。这是你独处时，表示你是谁的声音。

我永远在场，
寄居在你脑中，
默默地劝说你
去做正确的事情，而非相反。

而有时候……你赢了

上个月，我决定去每周抽奖处碰碰运气。走近亭子选彩票时，我看到一张彩票，先前刮奖时刮奖区的银屑还洒落在上面。很明显这是一张别人扔掉的没有中奖的彩票。我开始填表格，又瞟了一眼那张彩票。在心里，我默默地把刮奖区的数字加起来，然后瞥了一眼目标值，刮奖区数字加起来的结果超过了目标值，中奖了。刮奖区数字加起来的和比目标值要大。这张彩票中奖了。因为数学从来不是我的强项，所以我加了一遍又一遍，结果每次都是中奖。

我捡起那张彩票，在附近走动着，想着把它物归原主，但周围没有人。我想过把它还给客服台，但想象到他们通告说，“谁丢了一张彩票，请前往客服台领取”之后的景象，我耸了耸肩，还是决定那不是最好的选择。接下来我经历了一场情感斗争。“中奖金额”还没刮出来，因为很明显，彩票的主人也不是一个数学天才。我还有一个想法，就是把它当作自己的彩票去兑奖，于是我与这个想法展开了斗争。我走到柜台，手里拿着彩票，但是又把它放进口袋，转身走了。我又走回投注区，开始选择自己的号码。

几分钟后，一个老年人拄着拐杖，走到我旁边的自动彩票贩卖机前。我在拐角处盯着他看。我不禁注意到，那里有十种或者更多的彩票，他居然选了和我口袋里一样的那种彩票。他慢慢走到刚才我去过的彩票站，开始刮彩票——就在我发现中奖彩票的同一个地方。可能是看多了《法律与秩序》，但是，根据这个间接证据，我在心中断定——这个肯定是那张中奖彩票的主人。

我开始与这个彩友攀谈起来，我问：“你经常玩刮刮乐吗？”他简单地回答说：“是的……一直都玩这个。”通过进一步试探细节，我发现这个不怎么和善的人并没有心情跟我进行亲切的交谈。很明显，那天下午他是抱着赢钱的使命来的。即使他举止不友好，间接证据也不足，我还是决定把那张中奖彩票归还原主。

我尽可能装作不懂这种彩票，然后去问他“这种”特定的彩票是怎么个玩儿法。他的回答解决了我的难题。在他解释了那些“规则”之后，我意识到，他完全理解错了这种彩票的玩法。我从口袋里拿出那张彩票，给他解释，但是他粗鲁地回答说：“不，不，不是的。我玩儿这个很多年了。我知道我怎么玩。”此时此刻，即使换做特蕾莎修女，她都会去兑奖了。但是，我还在继续努力给他解释。

“先生，难道不是这些数字总和大过这个数字就赢了吗？”我问到。他显然被惹怒了，最终还是决定考虑一下我的说法。“好吧，”他回答道，“我认为你是对的。”我对自己也十分满意，于是问他今天早些时候是不是玩过这种彩票。当他回答是的时候，我又问道，他是不是把彩票扔在这个彩票亭了。他回答：“我是扔了一张在那，但是那不过是一张没有中奖的彩票而已。”“事实上，我不认为那张没中奖，”我回答道，我尽量装无知，指着彩票上的数字，一个个加起来，“难道这个、这个、这个，加起来不是 9 吗？不是比目标值要大吗？”“好吧，是比目标值大。”他边回答边从我手里夺走彩票，一瘸一拐往客服台走去兑奖，走的速度可比他来的时候要快。

我做了一件善事，但是却非常没有成就感。我听从了我的良知，做了我认为正确的事情，但还是有什么东西在纠缠着我。我是在期待别人对我表达感激之情吗？有可能。我是好奇他中了多少钱吗？也许吧。我后悔我的决定了吗？不。

我随后到店去买一些生活必需品，看到那个老男人就在 8 号收银通道。他一边与妻子走着，紧紧抓住购物车以做支撑，一边咧开嘴笑着。他停住，悄悄对我说：“因为我从没有中过奖，我老婆说我在那些该死的东西上花太多钱了。但是我告诉她说，中不中奖不重要，重要的是玩的时候的乐趣和兴奋。而且，有时候……你就赢了。”说完，他对我眨了眨眼，走开了。就是这个。我得到了——他从我所做的善事中拿走的那部分：这句话让我整整一个星期、整整一个月想起这件事就会微笑。这段经历证实了我的损失是值得的。

Live Your Dash.

无　悔

曾几何时，我艳羡
那些没有不确定和疑虑的人、
那些从不内疚的人，
他们自由地享受生活——

不做草率、强硬的决定，
从不需要往后看——
自信自己就是天生的领导者；
而其他人不过是一群跟班——

忽视情感，毫不关心，
在通往目标的路上——
顺利跨越成功的桥梁，
而其他人却要挤破头颅……

然而，当他们最终失去一切，
赌上所有时，
带着那未经锤炼的良知，

他们只能无怨无悔地再来一次。

第七感

我建议给主要感官表加上第七种感官，那就是幽默感。它将是所有人都会用到并且从中受益的一种感官，方式可能截然不同。它是指由特殊认知经验而形成的消遣方式，但又绝不仅仅这么简单。之所以它从五种感官中被排除了，可能是因为有些人天生就没有幽默感？然而，因为幽默感会在不同的层次显现出来，也因个人品位而定，因此，它可能看起在一些人身上缺失了，因为一个人觉得一件事情有趣，另一个人可能会觉得这件事情奇怪、讨厌或者荒谬。

不同年龄的、来自不同文化的人对幽默都是有反应的。据说大笑可以降低血压、减轻压力、刺激内啡肽的释放，内啡肽又是我们天然的镇静剂和镇痛剂。我们一直在不断追求并保持整体的健康，笑就是我们体内达到这个目标的一个重要方式，因此，我将其誉为最合理的感官。

有时我们的身体会在我们毫不知情或者没经过我们同意的情况下便开始发笑。这些笑是最令人感到满足的。我记得有一件事，关于我父亲的，他脾气不好，有一次，他试图从一米多高的露台上举起烧烤架。那个烧烤架闲置了整个冬天，他站在地上，想去够到并抓住它，把它放到低一些的平台上，以便清洗。我从后院看着他，一脸困惑，因为烧烤架上端像跷跷板一样，开始上下晃动，它里面令人恶心的东西都被晃到了两端。我心里暗暗想着，这将是一个灾难……但是，我什么都没有说。即使现在我回忆这件事时，都不知道当时我默不作声站在那儿，是因为害怕还是在期待我人生中最好笑的事情发生。

我就站在那儿，看着整个事件的发生，现在我也能在脑海中回忆起每个细节和每个瞬间。到了今天，一想到它我还是会发笑。那个托盘装着几个月积累下来得又脏又污浊的液体，当这个托盘翻转，里面的东西倾泻到父亲头顶时，我往后跑了五六米，以确保自己安全地远离这个场景。起初，我是错愕，站在那里一动不动。我当时听到远处有人说话，我不确定我有没有听懂说的是什么。我父亲可能气到耳朵里都冒烟了，但因为我眼睛里都是泪水，所以看不到。我躺到地上，捂着肚子，狂笑不止。我笑到岔气。笑到眼泪流出来，并不时地咳嗽。我至今都记得当时肚子里的感受，因为它已经不受控制，连续狂笑，似乎笑得与我身体分离开来，不再与我身体相连。尽管我也十分同情我父亲的处境，可我就是止不住笑。这种事情发生在他身上我并不开心，而且我并不认为这个事情本质上有什么可笑之处。但是，我十分了解他，看到他因为自己做的一件事情，看到他因为没有充分考虑而造成的结果，而挥舞着手臂，咒骂着，连连往外吐出进到嘴里的东西，看到这个，我的幽默神经被空前地挑动起来。我明显忽视了他的处境，而这种忽视对整个事情并没有多少帮助。只让他更加生气，而他越生气就让我笑得越厉害。然而，我敢笑个不停也是因为我知道父亲是那种能够自嘲也一定会自嘲的人……在他洗了澡之后。我永远忘不了那一天，并且在接下来的三十年中，我与他一起，也曾一遍又一遍说起那个故事。

愚人

千百万人都把他们自己和自己的生活看得太过认真。他们拒绝承认日常生活中很容易发现的那些荒谬。能够自嘲，意味着你具备一种从恰当角度看待事情的能力，这种能力是无价的。我天生就是一个愚人。在生意上，我费了很大努力才找到专业和愚蠢的界限，因为看到那些浮华、排场和法律义务，内心我经常会大笑。我在电子邮件中、在演讲中、在电话会议中，都会带上幽默。在生活中，我宁愿努力做自己，尽管有时候，因为我倾向于选择让事情变得有趣一些，并试着在多数情况下找到更轻松的那一面，这样看起来我就会显得没什么资历，也没什么见识。

我也倾向于跟愚人待在一起。他们笑得更多。他们会更多地去忽视生活中的麻烦。他们更少批评他人。他们是典型的更加友好的人。我喜欢他们，偶然，我在飞机上或者集会中，身边就会坐着一位愚人朋友。愚人与愚人之间，一见面立即会有一种相通的感觉，就像烟友或者足球迷一样。一个愚人看到另一个愚人即刻就知道对方所具备的特点。交流内容的界限也会更宽松，即刻就会有那种放松了的舒适感和轻松感。一旦意识到对方都是愚人，那种陌生人之间的未知压力会即刻减轻。再者，我们愚人很容易被识别。经常戴着一个特别的东西，称之为微笑，而且我们身体也自豪地努力散发出一种和善的香味。

别那么严肃

我讨厌不成熟这个词。不止一次，我看到人们因为害怕被贴上不成熟这个标签，就不敢去体验他们的生活。当我回想起生命中出现的人、目前出现的人和以往在人生这个旅程上有过交集的人，我最喜欢的还是那些可能被称为“不成熟”的人。他们拒绝让年龄来决定自己的态度。我叫他们老小孩。

我们这些“不成熟”的人，是那些会给生活加盐调味的人。在我女儿八岁生日那天，我请了邻居女儿来帮忙。我们买了不止 75 个气球和一些氦气瓶，给每一个气球充满了氦气，用一些长度不一的绳子扎紧气球，那么每个气球重量都不一样。我们在房子两边道路上都挂了气球，一直到校车停靠点前面不远处。我们还真的做了一面欢迎墙，欢迎我女儿在她特殊的日子里从学校回家。尽管我们做的这些并没有让那个校车司机在我们街上转弯的时候有多兴奋，但是我女儿从校车上走下来时，非常开心地笑了。这个瞬间我们永远都不会忘记

我最喜欢的电影台词是达德利·摩尔的《亚瑟》里的一句话，亚瑟激情洋溢地问道：“难道快乐不是最好的东西吗？”现代生活中你还会时不

时地去寻点开心吗？你并不需要经常去计划做什么好玩的事。你可以找到一种方法，能将微小的快乐注入甚至最平凡的情况中去。举例来说，当别人在三点过五分时问你现在什么时候了，你可以这样回答：“现在是两点六十五。”

能自由地找乐子就是快乐本身。解放你自己。若可以，上演一场中年危机，不管你年龄多大。如果你曾经有过，再来一次！那些在“平均”估算的老龄年纪之前就死去的人是没有中年危机的。我们永远不会真正知道中间在哪里，不是吗？

如果我们都不疯狂的话，那么我们将会发疯。

——吉米·巴菲特

问你自己这个问题：如果你不知道自己的年龄，你会认为自己多大了？你允许自己变换的容颜来决定你的态度吗？如果显老的面容会对你的想法和行为施展魔咒的话，就想象自己是一只狗吧。狗狗们会尽可能像小狗一样……直到它们的身体不允许它们这样做。心中想自己多年轻，脑海中就这样保持下去。不要经常让你的行为听令于你的年龄。不要老让实际赢过轻率。你最近一次玩得开心是什么时候？如果这也需要你花好几秒的时间才想到答案的话，那时间也太长了。

我四十五岁那整整一年中，我都以为自己四十六岁了。我至今都不知道为什么会这样。我猜想，可能是自己时刻要去记着我孩子的年龄、丈夫的年龄、朋友的年龄、我的狗和猫的年龄，这导致我忘记了自己的年龄。我发现，这两个年龄之间，我的心智有着巨大的差异。从四十五岁变成四十六岁（我以为的四十六岁），之间的这种转折与二十九岁进入三十岁是一样的。现在回想，我可以看出自己在心态上已开始改变了。那一年，事实上我只比三十九岁大六岁，而我的心态却是离五十岁只差四年。那时，我纵容年龄的数字决定了我的行为。于是我剪短了头发，开始以不同的方式去思考和行动。

营销商和广告商利用我们最无力的一个现实来欺骗我们——生命和青春都是短暂易逝的。广告，以及一些专注于永葆青春和隐藏年龄产品不断对我们进行轰炸，我们是受害者。从染发剂到去皱产品，他们慢慢地努力，让我们也觉得老去不仅讨厌，也让人失去吸引力。很多人都相信死后仍有生命，而我认为，青春过后，仍有生命。

调味汁壶

“纸袋还是塑料袋，夫人？”我从左边往身后环视了一下，我又从右边环视了一下。我想找到这个正准备帮我把日用品装进袋子里的年轻人指的是哪一位年长的女士。我耸了耸肩，然后刷了我的 ATM 卡，他又重复道：“纸袋还是塑料袋，夫人？”很显然，他想引起那个女士的注意，而那个可怜的女士听力也有问题。因为在收银台两米范围内唯一的女性就是收银员，我仅仅扫视了一下她的特征，想确定她多大年纪了，是不是配得上“夫人”这个称号。突然，就像一块大石头从悬崖上滚下来一样，我意识到了，这个年轻人是在跟我说话!! “纸袋!”我愤怒地回答道。（我一般选择塑料袋，但突然我也想反抗一下。）而那样就可以让他看到！人生旅途中会发生类似这样的“转折性”事件，这就是无意间的觉醒。我们带着同样年轻的心态从四十岁走到五十岁，与此同时，招待并收容着那个心态的外壳却随着时间不断改变。那些我们很少有交集的人（和那些显然似乎不介意他们能否收到可观小费的人）只有短暂的机会去审视我们的外表。因此，我经常希望能有一个办法把自己从外到内翻过来。（尽管，把这个例子中的比喻想象出来会相当奇怪，但它绝对值得深思。）

对我来说，使我意识到年龄的那个最难忘的东西一直就放在那里，一动不动，耐心地等着冲击我，它就放在我厨房的架子上。我当时忙着把碟子收好，把东西移来移去时，突然就认出它来了，我站着一动不动，似乎已陷入永恒之中。那是一个调味汁壶。我站在那里，目不转睛地盯着它。似乎它也盯着我。我问我自己，什么时候……什么时候我有了一个调味汁壶了？什么时候有的？只有奶奶才会有。我难道知道怎么做调味汁吗？我开始重新评价我的人生、我的存在和所有我的一切时，同时，我努力地回想时间都去哪儿了。什么时候保存调味壶这个责任变成我的了？我什么时候长大的？人生中有很多更有意义、更明显的事情可以象征成熟，比如说，结婚、买房、生小孩等等。然而，这些我们从一个十年走向另一个十年中举行的仪式，却对我们的观念有着相似、实质上的影响，尽管形式不大。对一些人来说，让他们意识到成熟的可能是发现果脆圈和可可泡芙不能再激起自己对颜料的兴趣。对其他人来说，可能是一位年轻人礼貌地给你一个有效的老年折扣。对很多人来说，也有可能是沮丧地意识到自己的糊涂慢慢地、偷偷地被责任所替代了，而对我来说，就是那个调味汁壶。

Live Your Dash.

永远年轻

尽管我已计划要漂亮地老去，
带着优雅、尊严和纤巧，
我的思维已在时间中停下脚步，
而我的身体却持续向前！

我感到些许分离
和心理的孤立。
当我意识到我已过了那个

心灵和身体完美匹配的年纪！

那些已向前走去的时光，
伴随那缓慢、可以预料的节奏，
显然它已将我的心灵丢在身后，
却带上了我的身体！

当我那无情的镜子反射出已逝的年华，
我意识到……
我的态度已做出选择，
加入更加年轻的一代！

这是因为缺乏成熟？
可能我完全错了……
认为我的身体已向前走去，也已老去，
却没有带上我？

就好像我的年龄和成熟
正在赛跑，
就算后者可以加速，
它也仍旧是最后一名。

就算他们曾比肩同跑，
也曾是最好的朋友，
我猜想，中年的中间，
就是这个求爱期结束之时。

我承认我的青春已逝；

就如时间把它夺走一般，
但我不打算依照我的年龄来行事……
仅仅因为我突然看起来有了这么大年纪！

ON 关于成功 SUCCESS

成功的定义

我第一次踏入公众演讲的舞台，就是给一大群来自一个非常成功的金融投资公司的专业人士做演讲。看着前一位演讲者在舞台上的表现，我惊讶地合不拢嘴，我的自信也随之慢慢消失……这位绅士栩栩如生、激情四射地鼓吹着要把赚钱当作重中之重，他时不时咆哮着“利润！利润！利润”，同时拳头紧握，手臂在空中挥舞着。单单他的激情就足以确保他的信息已清楚地传达到位，而且他肯定也知道怎样将一群人的激情调动起来。我站在那里苦思不解，为什么我会受邀来分享我对怎样度过我们一生的想法，很显然这与前一位的演讲主题，也与这个会议的预期主旨大相径庭。这是我第一次有报酬的现场演出，而且我就像被熏肉包裹着，跳进一个狮笼里。我那有关给生活减速、把享受生活作为第一优先考虑的说法，还有认为享受生活最终比赚钱谋生更为重要，这些，毫无疑问，会给这群观众带去情感上的鞭挞，我烦躁不安，以至于开始惊慌失措。

我的演讲排练了一遍又一遍，几乎都可以背诵下来了，我也计划以一首诚挚的《破折号》诗朗诵结束这个演讲。然而，有那么一瞬间，我迟疑着要不要分享《破折号》的主旨思想——那个一直以来我都强烈相信的理想。我认为这个有关生命的课程能够触及思维的各个方面，我有这个想法难道错了吗？有没有可能，在错误的地点、错误的时间里来分享这首诗会妨碍听众理解它真实的意义？毕竟，我是在要求他们考虑去充实他们自己的内心而不是他们的钱包。这样的环境下，那会不会有一个反弹的效应，最终对我想传达的信息有所贬损呢？

就在我尴尬地走上那通往演讲台的楼梯时，就在自然而然的某一瞬间，我改变了计划。我决定以我的杀手锏来开始这场演讲。我站在演讲台上，没有感谢司仪对我亲切的介绍，便带着我酝酿已久的情感开始朗诵“我曾读到一个人站在一位朋友葬礼上说的话……”读完这首诗的最后一行，我缓慢地深深吸了一口气，感觉空气都深入我的肺中，然后凝视着前排几位观众的眼睛。我马上就知道，我已引起了他们的关注。就好像前一位演讲者强有力想要传达的信息，在我无意间朗读完三十六行诗句后被消除粉碎。整个演讲厅的听众都好像同时经历了一次顿悟。我丝毫没有犹豫，开始带着自信继续我的演讲，在它结束时，观众也兴奋地站起来鼓掌。

后来，我在签名会上遇到很多人。有一位女性就评论道，我的演讲开始让她重新评估成功的定义。我对她笑了一笑，就像在说：“那么，我工作就到位了。”

获得成功是美好的。然而，你首先必须定义或者重新定义你自己对成功的看法。为此，你需要识别并且给你优先考虑的事情进行排序。你必须亲自进行个人反思，去定义哪些东西对你过上满意、充实的生活是真正必需的（哪些东西不是）。那些不是优选项的应该看作多余的，而且你也应该舍弃它，不带丝毫留恋。要明确确定你生命中那些必需和非必需的，这样做，不但你能将自己从多余事物的无形束缚中解放出来，而且也能训练自己在未来去避免积累那些额外的、不需要的东西。

我们往往被我们的雄心抱负蒙蔽了双眼，不能看到这样一个真相：其实我们对物质占有的追寻并不能构成我们的生命。我曾经常用这样一句话来阐述我们对有形财富的关注是有多么讽刺：“财富生不带来死不带走。你有见过灵车后面还拖着一车东西吗？”

想象你的生活是一个企业集团，这样有助于确定你的成功定义。为了便于说明问题，我们称之为“我有限公司”。你如何最有效地运营你的“业务”？你是将其成功单纯地基于金钱的净利润上，还是通过你所得的填补你所付出的价值来平衡你的损益？如果“我有限公司”必须确保它最有价值的商品，那些商品会是什么？如果仓库失火，你选择最先抢救什么？

很多人会说金钱买不来幸福。我理解这个说法的含义，而且可能它字面上的解释是对的，但是如果你认清现实，你会意识到，金钱确有独特的能力来“购买”内心的宁静。内心的宁静是筑造幸福的基础。乐观的诗人，如我，提倡说要相信生命中美好的事物并不在事物中，而是在那些永远都无法替代的东西中。但是，金钱的重要性和良好稳定的财政状况的重要性，没那么简单就能被忽略掉。有张可以安然入睡的温暖的床、有间可以遮风挡雨的屋子、充足的医疗服务、餐桌有上充足的食物，虽然这些幸福我们往往都会认为是理所当然的，但对很多人来说，它们却是“财富”，因为它们确实需要金钱才能购买。因此，间接地，尽管可能听起来有点麻木和贪婪——因为金钱确实有能力带来内心的宁静，所以金钱可以间接地买到幸福。

然而，金钱是一把双刃剑。尽管它能够提供内心的平静，它也很容易成为阻止你获得平静的催化剂。我敢说金钱是我们生活中最耗时间、最容易诱导压力的一方面。我们投入了大把时间来梦想金钱、渴望金钱、搜寻各式方法来获取金钱、决定怎样花钱才最好、一切向钱看，还有数钱。金钱的一个最普遍的消耗平静的特质就是当欲望战胜实际时，我们会发现自己已负债累累。这就诱导产生了大量的压力，欠债很容易对我们的健康和幸福带去可怕的损害。我用债务（Debt）一词创造了一个缩写词，提醒自己不要伸手去拿放在我们钱包里那七厘米长的五颜六色的塑料卡，它用起来很方便，并在我们钱包中生存和繁荣，这个缩写词就是：D.E.B.T.（Don’t Even Be There）——千万别走到这一步。

你是怎样发现自己深深陷入了本不应该陷入的债务中呢？当你从彼得那里借钱去还给保罗，到了下个月，你又从保罗那里借钱，去还上个月从张三那里借了还给彼得的钱。这种情况第一次出现时，就应该将它视为一个恶性循环的红色危险信号。

在通往健康情绪和心灵平静的道路上，负债是一个很大的弯路。银行和金融机构在它诱人、华丽的包装上再加装饰，试图分散我们在那些附属细则、截止日期、违约金和年费上的关注。接着，他们给这个精心而制的作品起了个名字：信用卡。他们利用我们最脆弱的特质引诱我们上当：欲望。他们紧追着我们的欲望，直到我们掉入陷阱中，正如一只受伤的牛羚掉入一头饥肠辘辘的狮子口中一般。简单地说，让未来为你的过去买单，这是摧毁生活宁静最快最容易的方法。我们都已见证过金钱的力量。它对世界产生的重要影响在一系列常见的陈词滥调中得到了例证，从"有钱能使鬼推磨"到"金钱乃万恶之源"——两者都是百分百正确的。

Live Your Dash.

你一小时挣多少钱？

"爸比，你一小时挣多少钱啊？"
小男孩好奇地问道。
他父亲看了他一眼，回答：
"我现在很忙……不要烦我。"

"但是，爸比，我真的想知道
你每小时拿多少薪水？
请你告诉我，你工作一小时，
会赚多少钱？"

他父亲脸上的表情
似乎是受到了侮辱，

说道：“那不是
你该问一个成年人的问题！

这样的问题是很粗鲁的，
而且对你而言，根本不重要。
现在自己去玩；
我可没时间跟你瞎聊！”

父亲坐下来看他的报告，
但是每翻开一页……
他都会疑惑为什么自己儿子对
自己的时薪会如此好奇？

他把孩子叫了回来，
说道：“儿子，你走之前……
我告诉你，我一小时赚二十美元。
现在，告诉我，你为什么想知道这个。”

父亲在儿子旁边坐下，
松开自己脖子上的领带。
他儿子问道：“如果是那么多的话，
我可以找你只借十美元吗？

我会用零花钱还给你的。
我保证！”
父亲对他儿子的意图十分好奇，
伸手拿了十美元。

小男孩儿跑进卧室，
飞快地抬起自己的床垫，
然后伸手拿了一张十美元的钞票，
那是他之前收到的生日礼物。

他把钱交给父亲——
“爸比，我知道你的时间不是免费的，
但现在我给你二十美元
买你一小时，只跟我玩！”

讲究的东西

东西：类似于飘雪，它们到处积累。它们可以慢慢偷走我们的自由，混乱我们的现实。在我们清晰的头脑中它们重如船锚。它们通过制造混乱和困惑侵蚀简单。它们遮蔽生命之美的透明景色。它们引起优先事务顺序的不一致。

很多人相信这“东西”能使他们幸福。对部分人来说，可能是真的，但是这不过是短暂的快乐，在新鲜感消退之后，这种快乐则消散殆尽。随着我们拥有的东西越来越多，我们在这个地球上轻装上阵的能力就越受到限制。我们慢慢纵容它们在我们生活中逐渐重要起来，尽管这种重要性空虚并且虚伪。我们开始将它们看作我们外在的装饰——我们对成功的宣告。

有一天，我在当地一家百货公司的家居用品区闲逛，无意中听到一位女士对另一位女士说：“哦，我要把它捡起来给埃莉诺……她有这样讲究的东西！”当我开始想象这“东西”到底有什么样的特点能被称之为“讲究”时，我能感到我的脸上浮现出不屑一顾的笑容。我想象到埃莉诺讲究的东西在壁炉架上彼此亲切微笑着。我想象到她的小衣饰互相交流着，咖啡桌上其他临时居民对它们友好的评价。我想象着听到她首饰盒小抽屉里的珠宝互相赞美。我想知道是不是她那晚餐蜡烛在蜡溢出来的时候会对同样很友好的烛台说“不好意思”或者她的好台灯在需要换新灯泡的时候会说“请”和“谢谢你”。

我简单回忆起《美女与野兽》中的一个场景，烛台鲁米埃、摆钟葛士华管家和善良的茶煲太太在房间里与住在城堡中的其他“讲究的”东西一起欢快地跳着舞。我在想，埃莉诺的朋友和家人看到她买了这些东西并带回家，给它们灌输了礼貌常识，该有多羡慕啊。毕竟，它们都这么讲究。

在讲究的一连串近义词中我找到了谦恭、亲切、和蔼、友善和客气。我停下来问自己，一个实实在在的、没有生命的有机体到底要好到怎样的程度才能用这些形容词来描述呢？吸引人的？可以。亮晶晶的？当然可以。诱人的？哦。但是讲究的？不怎么妥当。

我认为那个观点源自于我们对所拥有事物的痴迷，我也敢肯定，我们用“讲究”来形容物体、随身物品，甚至汽车那个时候这种现象就开始了。在那个时候，我们允许东西越过了一个隐形的界限。一些东西以更多的身份进入我们的生活……有时候我们会将自己的感情寄托在它们身上，因而它们的价值升高了，不再仅仅限于金钱的价值。

可能“它们”是故意这么做的！可能“它们”与保险公司是一丘之貉，共同策划了“获取欲望”这个阴谋！毕竟，我们拥有得越多，我们需要保险的就越多，对吧？可能，如果这些东西确有变得讲究的能力，它们也有可能具备狡猾和密谋的能力。

我们面对它吧：讲究这个词，这样用的时候，往往可以与昂贵和贵重替换来使用。“讲究的东西”这个说法用起来方便，只不过是用来替代类似这样的说法：“埃莉诺在她买的东西上面可花了不少钱……”“讲究的东西”这个说法真实含义解释起来就是：具有金钱价值的物品。

“她住的房子很讲究。”“她开了部讲究的车。”“她有一些讲究的东西。”所有这些说法真正意思就是埃莉诺很有钱。毕竟，她的房子有可能十分固执，她的车子也可能会无礼打断别人谈话，还在公众场合打嗝，而且她的财产物品也有可能老冒犯别人，不懂礼貌，但是如果它们价钱昂贵，令朋友和邻居都嫉妒不已，不管怎样，它们都会被认为是“讲究的东西”。

此外，我也好奇，人们会认为一个有形的物品能“保存”回忆。这是真的吗？保存在哪里？回忆不可能被任何物体保存下来。回忆保存在我们脑海中。保存在我们心中。我们独自保护着回忆的安全。我们独自把回忆拿出来，可以随时随地重温这些回忆。我们自己“保存”回忆。当然，过去的某个特别的东西有可能激发我们对往事的回忆，但东西就是东西。构成的材料也是用完就要扔掉。它们没有情感，没有心灵，也不能说它们多好。外婆的花瓶和费利西亚阿姨有缺口的瓷盘子，这些是东西。它们曾在某些人的生活中发挥过作用，但是我们倾向于认为，它们好像真的在自己身上重现了前面主人的气味、特性和特点，因此我们会疼惜和爱护它们。

如果你从目前生活中选出十个让你觉得幸福的东西，你会选什么？为了方便讨论，这十个东西只能是你从现在开始能得到的东西。但愿你能找到，但就算有的话，也没有多少东西能够上榜，包括那些“讲究的”东西。

我曾与一位女士共事，尽管她还算善良、体贴，但是太过于重视物质财富了。似乎所有人，只要认识她超过三十分钟，都会知道，她生命的主要目标就是不断地要更多东西：更昂贵的车子、更大的房子、更好的珠宝。她在自己得到和拥有的东西中真正找到了幸福，但是那种幸福，我认为是扭曲的。一旦办公室有人要过生日，或者纪念日快到了，计划晚上庆祝一下，第二天早上回到办公室时，她会立即凑过去，大声地问那些我们熟悉的问题：“你收到什么礼物啦？”不久之后，这句话就成了整个办公室的口头禅，用它来嘲笑她的物质主义。以至于总统日、劳动节、新年，甚至加拿大的节礼日过后，我们都会互相开玩笑问：“收到什么礼物啦？”这已成为大家工作中的保留节目了。

我认为把成功与我们购买的、拥有的和欣赏的东西不完全地对等起来没有什么特别不对的地方。能够享受工作给我们带来的额外便利也是一种好的感觉。重要的是我们有多看重这些东西的价值；重要的是我们认为它们在自己的幸福中占了多大的比例。我坚持认为，那些最昂贵的、在我们生命中真正无价的东西是那些我们买不到的东西。“生命最好的东西都是免费的”，这句话我们说得最多，已经是老生常谈了，但它实在，道德上也是正确的。许多年前我在一辆汽车的保险杠贴纸上读到了下面这句话，至今还记得：“不要以你拥有的东西来衡量你的财富，而要以你拥有却不愿意卖掉的东西来衡量。”照这个理来说，我们都足以成为百万富翁了。

如果你一直不满足于自己的欲望，问问你自己，为什么？是为了通过不断购买来向别人证明自己是一个成功人士吗？是为了关心自己吗？是为了填满你生活中那未知的空虚吗？你真的认为买更多的东西会给你带去幸福吗？那是不是贪婪？这种贪婪什么时候会停止呢？你是否发现自己已落入了一个毁灭性的循环中，变得贪得无厌，想要得到的更多，到头来发现自己的欲望更大？逛街、购买，然后拥有——这三步过程最终只会带来肤浅、短暂的满足。熟悉可能会滋生轻视，但它也能带来不满。我们很快便能熟悉一些事物，因此，也想再次体验“新”的事物。只有当我们能识别并清晰预见到这种熟悉最终一定会衰落时，我们方可打破对“新”事物的沉溺。

我回想起一句话：“玩具最多的人，才是最后的赢家……”我们在地球上的时间是宝贵的。身外之物不是。我们互相分享的爱，无价。身外之物，有价。我们的笑声是发自内心的。身外之物并非如此。我们在其他人心中和脑海中留下的模样，是别人真正记住我们的模样。身外之物不会被记住。生命是美好的。身外之物不是。

结构/限制

结构：内部相互关联的部分组成的一个整体系统或者组织。限制：限定或者约束，尤指不公或者太过严厉的限制。

我是一名作家，与文字打交道。当我阅读时，我的大脑会自动连接那些文字……考虑它们的相似性、与其他词语的关系和有可能存在的生僻词义。有一个例子能很好地说明这个事情。有一个周末，我与丈夫一同在乡下度过。我们住的旅馆坐落在西田纳西州一个小镇的小山中，从我们房间的窗户向外望去，可以看到一大片奶牛牧场。我决定在游览这个恬静的小镇时写几篇故事，但后来发现自己完全沉浸于窗外的美景，连绵不绝的山丘、绿树……还有奶牛，我目不转睛地看着。无可否认，我从未像现在这样，花上大把的时间想去了解奶牛、山丘和绿树，但是当我看着它们，虽然不是盯着看，也一看就是好几小时，我对它们的习性和习惯变得更加好奇了。我就看着它们低头吃草。吃啊、吃啊。我注意到这块牧场上的草地修剪得非常整齐，也意识到，很大程度上，这并不是田纳西州农民无眠无休的辛勤劳动成果引起的，而是因为这些奶牛的介入才如此。太有才了，我想，如果人生会有一些奇怪的变化，有人留了一块牧场给我，我郑重发誓，自己肯定会成为一名自豪的牧场主。我的意思是，当我们把这片牧场美丽的草地和草地如此整齐背后的原因联系起来，我的大脑会立即把牛（cow）这个单词换一个字母，联想到割草（mow）。这个简单的例子就能充分说明作家的大脑是如何运作的……

通过类似的字母替换练习，我最近发现了结构（structure）和限制（stricture）两个词之间的相似之处。开始写这本书时，我慢慢说服自己，它一定要有一个严谨的结构。这么多年来，我一直都是自由撰稿人，无所不写。我写的故事和诗词很少是互相关联的，只有一个明显的主题：

生命。但是，我觉得写一本书，一页一页都标上连续的页码，其中故事还需要互相关联，就需要行文始终更加一致，最有效地与读者联结起来。这就像一头野马突然被关到马厩里。有好几周，我的创作思路被堵住了。虽然想法俯拾即是，但是我怎样才能把这些故事“拼”成一本书呢？

我制定了时间线，写出章节标题和写作策略。我把粗体的首字母缩略词、文字地图和索引卡都打印出来，贴到办公室墙上，最后我的墙就像是军事战略作战指挥部一般。墙上有箭头、便利贴，四周都是标记的重点。但是，就算有了这些结构，我还是未能文思泉涌。我感觉我就像跑一场马拉松，但我的腿却深深陷在厚厚的流沙中。然后我回想起，曾经从一群在生活辅助中心生活的人那里所学到的一课，那时候我每周在那儿教写作。那些选择参加写作班的人有兴趣把他们的“破折号”写下来，把他们的生活写下来，想在某一天给他们爱的人留下一些有价值的、实实在在的东西。一开始，班里只有大约十几个人，随着时间慢慢地推移，人数增加了。

第一次上课见面时，我表达了“人生的破折号”背后的意义和情感，接着又饱含感情地朗诵了那首诗，他们竖起耳朵专注地倾听。似乎，就在那时，他们的热情溢于言表。我渴望听到他们的故事，他们也一个个回忆起自己的故事、那些在过往年岁里遇到的人、去到的地方。我迅速地顺时针挨个看了一下，粗略计算，要知道，就在那间房里，与我在一起的人，他们的人生阅历，加起来至少超过了九百岁。那天离开的时候，我感觉很乐观，好似我的努力即将影响到一些人的生命。

然而，第二次见面时，我感到很失望，因为一群人中只有一个人分享了他的故事。我想，肯定是我不知什么原因把他们起初对这个提议所表现出的热情给理解错了。我与他们进行讨论，但脑中不断地思考，可能这个写作小组不如我开始想的那般，可能这并不是一个好主意。

然后他们一个接一个地分享，说到他们开始写的时候，害怕他们忘记了那些正确的语法规则、标点符号、动词时态等等。有些人说他们已将故事写下来了，后来却不好意思分享出来，因为它们并不是“完美”的。有几个也曾兴奋地与别人分享过写下来的那些故事，最后拿回来时，纸上却满是红色的叉和圈圈点点，正如小学老师的评语一般。他们预料到我可能也会这样做。尽管口头上叙述他们的故事和他们的回忆时，就如同尼亚加拉大瀑布，但当他们把那些句子写到纸上，却被之前学到的分号、介词短语和悬垂分词的规则束缚住了。因为他们觉得，我期待的是他们写作的结构，所以他们就碰到了限制。我意识到我应该告诉他们，我并不是老师，也不是什么导师（或“结构导师”），我的主要目的是故事本身，而不是如何正确使用标点符号和合适的措辞。我鼓励他们，不要在意那些英语课上灌输给他们的复杂语法规则，而要更多关注他们选择的词语、他们的记忆、去过的地方和记忆中那一张张脸。

接下来的一周，让我很惊喜，我看到了他们那富有创意的精彩故事，充满着回忆、希望和梦想，这是他们特意为朋友和家人写下来的，希望能对他们有好处。

特别是其中的一位男士，他当时写的故事至今还陪伴着我。他把自己的生活比作一列火车。他的这列火车一直快速向前奔驰，从不倒退。火车会靠站，上客下客。他把到来的乘客比作一路上他交的朋友和与他有着千丝万缕关系的人，而下车的乘客则比作偶然相识的人和他已失去的挚爱。这是一个奇妙的故事，直到今天，我都希望当时要是将这个故事复制一份就好了。但，我猜想，他这个故事在我内心激发的回忆，教给我的人生课程都是命中注定的。我清楚，一旦我去掉他们原以为我会要求他们在故事中体现出来的结构时，对他们的限制也随之去除了。他们放开自己的思绪，任它去飘荡，去回忆往事，也因此自由记录了他们曾走过的那些时光，好的和坏的。结果对我来说是满意的——对他们也是如此，这个课题在我离开以后一直保留下来了。

当我打开思绪，开始自由自在地写这本书时，我回想起了那堂人生课程。我将会继续抒写有关生活的一切，不受结构的限制，因为我们的生活原本就是这个样子。我知道，当这本书的故事完结时，一个完整的圆圈会将其中的故事都串起来，因为它们都是创作于我们最重要的唯一共性中——生活。真正的创作没有结构，也没有限制。

你生活中是否也有这么多条条框框的架构，给你带来限制？是否当下的义务、责任和截止日期阻碍了你发挥自己的创造性思维？你能在生活中做出怎样的改变，不管是身体上的，还是精神上的，通过这些改变可以把自己从结构/限制的束缚中解放出来，去体验瞬间的释放和放松？

适应

我家的前院里曾经有一株漂亮的山茱萸。它在那儿长得枝繁叶茂，每年都开着完美的四瓣花，十多年，年年如此，从不间断。它给我家的风景锦上添花，枝头上一棵三十年的松树完全把它遮住了，为它遮风挡雨。不幸的是，那棵大松树生病了，时不时掉下粗大的树枝，十分危险。尽管不愿意，我们还是得把它从前院挪走。那位砍树的男士不遗余力，带了绳子，又是测量角度，努力地想保住那株脆弱的山茱萸。后来，我们都以为他成功了，因为我们喜爱的那株山茱萸似乎完好无损，正如之前一般自豪、漂亮地挺立在那里。

松树砍倒挪走之后，时间一天天过去，太阳无情地炙烤着山茱萸的枝条和它那娇弱的花朵。我们的山茱萸被迫去承受大自然残酷的现实，之前从未如此。那里不再有一棵大树为它过滤阳光，在无情的风雨天气中保护着它。那里不再有一个守卫般的邻居给它庇护，让它免遭生活困苦的折磨，正如父母和忠实的朋友一般。每天，我看着它拼命地试图在新环境中生存下来。尽管我试过帮它挺过去，小心地按当地一个园艺家的指导去做，我还是亲眼看着这个大自然奇迹的化身慢慢地死去。这株山茱萸就是适应不了增加的阳光和降雨，也适应不了环境的改变。哎，我们的山茱萸不能继续活下去，不能成功活下去，也不能生存下来。

我们大多都听过《尼布尔的祈祷文》，它最初是没有名字的，神学家雷茵霍尔德·尼布尔赐了它这个名字：“上帝，请赐予我平静，去接受我无法改变的。给予我勇气，去改变我能改变的，赐我智慧，分辨这两者的区别。”

我绝不会去挑战这一久经考验、百万千万人视为箴言的祷文。但是，我认为这句深受人喜爱的祷文前两个方面是可以反过来调换的。如果你相信，并且也希望实施这个美丽见解的含义，你不是应该首先请求赐予你勇气去改变那些你能够改变的事情，其后才是请求赐予你平静去接受那些你不能改变的事情吗？不然的话，你怎么知道你不能改变那些事情呢？如果你一开始都没有尝试改变，那么你如何接受那些你不能改变的事情呢？在我看来，祈祷能获得勇气去改变你能改变的事情，应该在去接受那些你不能改变的事情之前。确认。实施。前行。

毫无疑问，适应能带你通往生活满意表上一个更高的层次。适应既包括愿意去改变，也包括愿意去成长，以及识别、接受、适应我们无力改变的事情。

我最近读到有关一个特别品种的企鹅的知识，大多数人自然而然认为企鹅生活在冷水中，而这些企鹅常年生活在赤道周围，它们巧妙地适应了周围的环境，试图增加未来子孙后代的存活率和成功生存的概率。(有人也许会争辩，它们巧妙地适应周围的环境也许是为了增加自己享受生活的机会！）不像南极企鹅，它们屈服了，接受了它们所不能改变的，为了孵蛋，为了可能的后代，不得不冒着生命危险，面对严寒的危害，而这群在加拉帕戈斯群岛附近发现的企鹅，依靠着自己巧妙的适应能力：它们把企鹅蛋存在安全、有树荫遮挡的地方和温暖的火山岩裂缝中，让大自然来为他们孵蛋。大约五周之后，小企鹅就出生啦！

要适应你对自己的常态所做出的任何改变，不管愿不愿意，都需要跨过你自创的“舒适区”边界。无论最终结果是好是坏，这个行动都将给你带来一个生活经历。我们所走过的每一段生活历程，好的和坏的，聚合成一个十字架，代表着我们今天是谁，也代表着我们明天将会成为怎样的人。

历史一再反复证明，那些能够很好适应改变的人，那些为了提升自己而去诚挚地考虑别人的建议和看法的人，尽管有时可能意味着要放下自尊；还有那些对这样的改变敞开怀抱的人，在生活中都会比那些反对这样做的人，享有获得成功的更好机会。把一棵不屈不挠、坚定的阔叶树和一株弯曲、灵活、适应性强的柳树做一下比较。那棵结实、坚忍的阔叶树的树干代表着力量、威力和毅力，而那株垂柳则会唤起一个完全相反的形象。但是，垂柳最明显的弱点却是它的优势——适应能力，因此它才能生存和繁荣。事实上，它的柔弱性也造就了它的适应性。

我经常用阔叶树和柳树来比喻两种不同性格特点的人。阔叶树类人由那些反对改变、不听建议、不接受新想法、反对任何形式的计划的人组成。往往，他们会立即、习惯性地、自然而然地表示反对，有时候反对者会为了一个没有实际意义的问题去辩护或者争辩，并且纯粹为了争辩而争辩。他们会切换到“辩护律师”模式，争论海平面下降是由于冲浪运动员冲浪时带走了水量。尽管冲浪运动员会带走一些海水，这是事实，但也是完全不相关的一个事实。事实往往在任何辩论中都不言自明。如果这类人需要一个标志来代表的话，那便是一个雕塑，坚定地站着，双臂紧紧环抱在胸前，形成了一个强大的屏障，隔绝一切正在逼近的改变。一旦出现任何变更或者改变，阔叶树类的人会立即将这些改变视作对他们已习惯的舒适区来说是异类或者不必要的东西。因此，阔叶树类人不愿意尝试将改变付诸实践，却通常从一开始就将其归于“错误”的一类。这类人用“别杞人忧天”的双光镜看生活。

柳树类人由那些理解、欢迎并很容易适应生活中不断变化的天气的人组成。如果有一个形象来代表这类人的核心存在的话，那将是一个小孩子，因为小孩子的心灵和思想还未被玷污，充满着鲜活的天真无邪，拥抱改变、挑战和选择。柳树类人不会去咒骂天气，而会去享受雨水所带来的美好。然而最终，阔叶树类人和柳树类人都要面对强大而无情的风。

当改变之风强有力地刮起时，改变则不可避免，柳树类人就像柳树一般，随风弯曲、摇摆，面对强风那不断变化的方向会放弃自己原本的姿态。他们依赖于别人所谓的弱点，将其当作他们最大的优点，因此，才能在生命每一次不可预知的风暴中生存下来，风暴过后，虽然被暴风雨打弯，却并未被打垮，树枝和树叶虽然被刮走，但他们仍相信自己有能力长到比之前更强壮、更青翠、更饱满。正如以往一样，他们骄傲地站立着，再次接受新的经历和新的观点，随时准备经受更多无法避免却又永恒存在的改变。

另一方面，阔叶树会拼命抵抗生命风暴的强风，直至无力抵抗。它会一直保持坚定不屈的姿态，挑战改变的气流——那积极进步的气流，尽管徒劳，直到最后，要么是它被迫屈服，尽管不情不愿；要么就是它那顽固的树枝和树干互相碰撞时被对方割裂、折断。阔叶树类人那自我断定的、任意而为的消极最终只会通往毁灭。即使它偶尔挺过风暴，看似安然无恙，但它还是会保持原来的姿态——无所创见、无所改变、无所产出，连位置也都坚定不移。柳树给了改变一个机会，而阔叶树将不会冒险去改变。

我并不是说，在自己的核心信仰和信念方面不断地妥协是一个健康的做法。我只是敦促你保持一个开放的心态，随时准备接收新颖、不同的说法、概念和操作模式。我并不认为每一个改变都能带来更好的结果，然而，在你做出选择时，想想，你从保护着你的舒适区边界跨出去越远，你学到的会更多，你能体验到更多的生活，你能更充分地享受你匆匆的人生。当改变的风从你这个方向猛烈地刮起，摇摆、弯曲，自愿跟随风的方向舞蹈，你会挺过去，而且过后会更加坚强、睿智，也会更有经验。但如果你想用那不屈服的态度和十足的固执，继续去坚持抵抗，那么你会被折断，或者会像阔叶树一般永远不再有实质性的进步。倾听、妥协，并且不时地屈服于你可能不总认为会有优先权的东西，这些都是适应能力的组成部分，而如果你要成长、学习、发展并提高你短暂的生命时，这些却是不可或缺的。

你是阔叶树，还是柳树？

如果生命旅程的每一段，都有弯路，随时需要改变路线，请记住，一段毫无障碍的路尽头不会有值得看的风景……

激情（找到你自己的激情）

有人说幸福的关键是要找到你喜欢做的事情，然后找到一个可以用它来谋生的方法。如果你喜欢做的事情是用香蕉皮编篮子，或用石榴子设计工艺品，那该怎么办？当然，我只是在开玩笑，但是不管你多渴望在市场波动或市场供求中骗取到什么，激情显然不能造就可以赚钱的职业。我发现，使命（Vocation）这个词成了职业（Career）、工作（Job）和职业（Profession）的同义词。使命这个词来源于拉丁语，表示“召唤”。只有少数有福之人可以说他们今天的事业——他们的工作——是他们的召唤。

那些给别人提意见完全只为启发别人的人，当他们说，“你可以从任何你所热衷的事情中找到属于你的事业”，其实他们是不切实际的。这个说法在五十年前有可能是对的，但是今时今日的顾客无比挑剔，他们可以选择的东西比以往多了很多。作为一个真正通过自己热衷的事情(写作）来谋生的人，我可以很诚实地说，这是造就平和与充实生活的主要因素。但是，在找到从写作中获得收入的办法之前，我写作纯粹是因为我喜爱写作。

有很多成功的故事诉说着如何将热衷的事情转变为全职、盈利的事业，如滑板和种植草药。如果在既诚实又实际的情况下，你能找到怎样利用自己真正热衷东西的才能和技能，去给自己创造收入的途径时，不管怎样，一定要跟随你的心，朝着那个方向走下去。我坚信诺曼·文森特·皮尔的一句话：“让激情飞过障碍，其余的都会跟上来。”然而，如果市场另有规定，或者你害怕失去稳定，这些阻止你去相信那句话，也请不要放弃你的激情！如果你感觉不能通过激情为生，你还是可以让生活充满激情。想办法将激情编织到生活中。它仍将是那点燃你生命之火的燃料，你可以将它放在心中，随身携带，它也能帮助你，赐予你存在的目的。

如果你的激情不能立即被察觉到，那么你怎样才能发现你的激情是什么，你怎样才能找到目前让你感觉命中注定要去做的事情是什么？

接受不同的想法。先试后买。你内心储存着伟大的种子——如果你不给每一颗种子松土、施肥，你怎么知道哪一颗最终会茁壮成长呢？给它们一个发芽成长的机会。

- 什么东西你一想到或说到就会激发你的热情？
- 你看到的哪些迹象可以表明你的特殊才能和兴趣已超越了平均水平？
- 什么事情你做起来毫不费力，特别享受？
- 什么事情能使对挑战的激情战胜对失败的恐惧？

生物钟

我们每个人都有生物钟，我们身体传达出信号，提示自己什么时候该睡觉、什么时候该起床对我们最有益。这是让人难以置信的一个钟表：无形、防水，还是自动上发条的！不幸的是，对我们很多人来说，我们选择的职业和事业并未能与我们的生物钟并行。为了工作更高效，我们经常被迫把内在的生物节奏调整到与外界时钟同步。尽管闹钟和做一些事情的特定时间，如早餐、中餐和晚餐时间，与我们心中所想直接矛盾，但是我们仍允许它们控制我们的行动。

从我记事起，我就不喜欢早起。每次我没办法，必须早起上学上班时，我的身体各个器官就会团结起来，集体背叛我。这个社会导致我不能随着我自己内在的旋律起舞，不能按着我自己的速度来演奏，也不能按照我自己的生物钟去生活，这些都只因为学校在早上 8 点就开始上课。

我的口头禅就是：“早起的鸟儿是可能有虫吃，但吃到奶酪的往往是第二只老鼠（因为第一只被老鼠夹给夹住了）……”随着我步入成年，情况却更糟糕了。似乎每一个人都相信早起的鸟儿有虫吃，我也意识到在企业界去做那第二只老鼠，我什么都得不到。因此，我做出了调整。既然我不能让工作适应我的生物钟，那么就让我的生物钟来适应我的工作。尽管这样做，工作确实更有效，也更富成效，但我从未找到那个平衡点。我已经很接近平衡了，但还是欠那么一点。当强的信号来自 98.5 兆赫时，我感觉自己收音机调到的却是 98.3 兆赫，就差那么一点。

让我们直面这个事实——年轻时，我们被剥夺了去发现和遵循我们生物钟的选择。别人教我们什么时候起床、什么时候吃饭，以及什么时候睡觉。如果我们足够幸运，能够及时意识到我们内部时钟的工作方式，并将其与我们的工作而非社会的规则调整同步，那结果可与真正的成功相等。这个世界的齿轮相连在一起，为了成为一个更加完美的整体，我们便不得不跟着齿轮旋转的方向走。但是，运转的齿轮似乎只在白天才最高效。夜猫子和那些一旦把 6 到 8 这几个数字加到“a.m.”这个缩写前就厌恶不已的人，往往不得不重置我们的生物钟，并调整我们的时间。

你是谁

曾经与早些时候工作认识的一位男士吃午餐时，我发现了一个有趣的事情。克雷蒙上校成为我老板之前，是美国军队一名授勋军官。在交谈中，尽管他在犹豫是否要畅所欲言，尽管在被问到曾自豪地为国家效力的那几场战争中他的情感遭遇时，他还在犹豫是否要如实作答，我却设法从他口中问出了一些答案，这些答案在接下来的那些年对我影响十分深刻。我问他，为什么——为什么是他、为什么是他们——为什么做那些事情。显然那并不是为了荣誉，因为他那些英勇勋章和荣誉称号都被塞进抽屉里，很少，几乎从不提起，当然也不会挂在墙上，为了去招揽别人的赞扬。那也绝不是为了钱，因为身体的投入、所冒的风险和生命危险显然要远远超出他的潜在收益。他简单用几个字回答了我：“因为那就是我!”

听到他的回答时，我立即自问，当时自己生命中正在做的事情是否也能够代表我是谁。我再进一步深思，问自己，当天我真正是什么样的人是否就能够反映我之后会成为什么样的人。为了找寻那些问题的答案，我必把生活的细枝末节层层剥开，直达核心的我。真正的我，不是在21世纪时任由生活造就的我，而是我命中注定要成为的那个我。我不得不深入自我反省，才找到了问题的答案：不。那不是在21世纪任由生活造就的我自己。

在企业界，我干的那一行并未遵循我的理想或者我所信仰的那条路，当然，也没有反映出克雷蒙上校的“那就是我”的本质。但是，我还得去工作领薪水。为了填满我认为的巨大缺口，必须每天往自己的生活中多加一些我自己，真正的自己。尽管我继续专注于我的工作，但我也找到了一些创造性途径，这些途径更像真正的我，可以将使我内心感到满足的任务融入我的生活。这样做，我找到了平衡。我成功地稳住了在我内心不断摇晃着的不满的小船。

你正在做的事情代表着你真正是谁吗？如果没有，设法将更多的你和更多的价值带到你目前的工作中去，带去那缺失的满足感。到外面去找寻，如果有必要的话，到你工作的舒适区之外去找寻，怎样才能将你自己与真正的你拉得更近。

看不见的篱笆

一天下午，我与朋友在我家附近散步，当我们经过一户人家的时候，一条凶猛的狗怒气冲冲地从树丛中冲出来，那是它真正捍卫和保护的领地。我吓得往后一跳，但随后看到那条狗突然就停住了，一动也不动地站在那里，然后转身走向了前廊。我意识到狗的主人已经建起了一道“看不见的篱笆”。之所以看不见，是因为那个篱笆通过地下电缆，与狗的项圈无线连接起来。当狗戴着项圈，越过篱笆边缘区域时，它就会受到一次轻微的电击。那天，我那毛茸茸的对手触到了它安全区的边界，而它已习得的条件反射让它停下来并且克制住了自己。

尽管我并不鼓励，也不能容忍以这种方式来训练动物，但我却难以忽略那看不见的篱笆与我们自己生活中的界限之间的关联（幸运的是，自己生活中没有电击）。我们很多人在潜意识中竖起了一道道篱笆——这些看不见的障碍物阻止我们走出安全区，为了我们的梦想、希望和目标去冒险。你可能会撞上多种看不见的篱笆，但是它们都有一个共同点：你。它们是你树起来的，也只有你才能把它们拆掉。

自我较量

在通往成功的道路上，你每达到一个目标都经过了一次次挣扎、一次次内部斗争和一次次两种意愿之间的决斗。这一对敌人在各个方面都完全对立。其中一位选手从不放过每一次可以获得即时满足的机会，哪怕会牺牲、会延缓实现自己的抱负也无所谓。他的对手则意识到为了达到目标，有时候就必须放弃即时的自我放纵，为了专注于目标，就一定不能有所分心。对成功的追求往往会引起这种内部斗争。

这是一场较量——自满和自律之间的较量——自我的较量。我发现，成功人士确保自律最好的方法便是听从托马斯·赫胥黎的建议："在该做某事的时候做你应该做的事，不管你喜欢还是不喜欢。"自律是意志力和恒心的结合。我们用意志力来抵制自满的诱惑，而用恒心持续抵制这个诱惑，直到我们达到目标。拥有自律能力就表示你具备了无论目前有着怎样的情绪状态，你也可以采取行动。自律是消除拖延、消除混乱无章的一个基本工具，不可或缺。

建立自律，时刻保持自律则又是难上加难，因为要使用自律就要本身能自律。这是鸡和蛋的问题——哪个先出现？自律必须不断加强、不断锻炼方可变得最有效，而要加强自律，最好是通过不断挑战。面对的挑战越多，战胜的挑战越多，你会变得更加强壮、更加自信。你应该真正学会挑战自己，让自己赢得每一场自我较量。一旦你想找借口，请在心里砌一堵墙，挡住这些借口不让它们进来。对自己重复这几个字：说做就做。你很快就会发现你越能够自律，你的生活越简单。

急躁

在充斥着即切即烤心态的 21 世纪，即时的自我满足已再常见不过。有着高速的网络和一夜暴富的网络巨头，要立即得到结果已变得简单。事实上，我们太过适应于这种对我们欲望的即时满足感，以至于当我们希望或者预期会得到结果时而没有得到的话，我们就会倾向于放弃。我们往往应该记住，一切有价值的东西都值得等待。如果你不愿意投入时间和精力，可能你还不如将那个特别的挑战看作不过是你工作任务上的一个安排，而不是将其称为"目标"。

失败的恐惧

人们可能会害怕失败，但对失败后果的恐惧其实更加强烈。对失败的恐惧，这个因素，在向着梦想或目标前进的道路上，使我们变得无能为力，成为巨大的障碍物。这不是单一的一个东西，还包含着很多恐惧子集，如对被拒绝的恐惧和对受批评的恐惧。成功人士之所以会成功，是因为他们在生命这场旅行中，早就知道了失败乃成功之母。他们学会了去拥抱并接受他们犯的错误，因为他们知道那其实是伪装起来的经验教训。

罗伯特·舒勒博士写了一本书：《如果会是那样，也由我决定》，他在书中问了一个问题，那是我见过的最具挑战性、最具内省意义的问题："如果你已知道一件事情你不会失败，你会怎么做？"考虑了他这个问题之后，我脑海中不断浮现出各种可能性。我用可能这个词的频率变高了。在与自己交谈时，可能这个词会激发起积极的信念和行动。如果你认为"说起来容易做起来难"这个态度也没什么错，你可能是对的，但你不试怎么知道难不难呢？

是不是你的想法、目标和抱负也掉入了"看起来不错，会实施吗"这种情况中？我们在策划和计划阶段就投入了太多的时间和精力，以至于准备本身就成了一道看不见的篱笆。当我们害怕可能的失败会带来可能的失望，进而导致可能的伤害的时候，我们也限制了可能的成功。如果你的想法没有实施，你觉得失望的人会是谁？如果你是第一个会失望的人的话，那你得克服它。行动起来。要克服害怕这个因素，你需要把计划步骤转换为实施步骤，从第一个步骤开始做起。想象和好的意图并不能帮你行动起来。很多人在计划准备时，会去部署并且仔细检查每个细节，但并没能够按计划实施，坚持到底。正如献身于建筑设计的建筑师们一般，他们规划、绘制，并通过精心画出那些蓝图，把不同的点串联起来，但他们从未去真正搭建那座房子。

我们读过太多的建议，都只适应于一件事情的中间阶段，在这个阶段，你最初的热情和能量已经衰退，此时的你正在深一脚浅一脚地朝终点线跋涉。一件事的开端，尤其是一个给你生活带去巨大变化的艰巨任务，你看着这个任务时也会沮丧不已。第一步是最难的一步。

想象一下这个场景：六只鸟落在一根电话线上，其中一只决定要飞走，现在电话线上还剩下多少只鸟？有人也许会假设，肯定不是五只。答案是六只。那只鸟虽然决定要飞走，但那个想法本身不能把它从电话线上带走，改变他当时所在的环境。一个想法不过是一个设想。往前踏的那一步才是实实在在的行动。你是否就像那只鸟儿一般？你是否也不断“决定”要在你短暂的一生中做出一些积极的改变，但从未采取行动将你的决定付诸实践？避免过多地去分析，采取实实在在的行动去实现你的目标。要想知道水的温度，你可以看温度计，但唯一一个真正了解水究竟有多冷的方法，就是把脚伸到水里试一试。

不完美

对很多人来说，不敢跨出第一步，是因为在他们心中，一场胜利如果不彻底的话，那是无法想象的。他们犹犹豫豫，不往目标投入时间和精力，因为他们害怕得到的结果不如其他人那般辉煌。

对完美主义者而言，足够好就是不够好，简单的努力不值得考虑。只有能看穿一个提议，一直能看到这件事情的完美结局，他们才会考虑去做这件事。他们很多人都觉得，一开始就拒绝去开启一场新的冒险总好过所有努力之后，带来的不过是一个不完美的结局。因此，相比得到一个并不出彩的结果而言，什么也不做、什么也没实现还更能让人接受一些。那些追求完美的人会给自己制定一些不实际甚至达不到的目标，并且还要加上他们那固执的、适得其反的想法。他们意识不到，只接受完美会让他们错失很多机会和经验——那些仅仅说做就做所带来的机会和经验。他们在欺骗自己，让自己享受不到过程的美好，反而去坚信只有成就才是有价值的。

完美主义这道隐形篱笆的桩基就是他们对偶尔失误、错算或者过失的害怕。完美主义者不知疲倦地花时间花精力去避免那些错误，而当错误无法避免，最终发生时，完美主义者又花上好几天去重温那些错误，去后悔犯了那些错。他们将人的不完美看作缺陷和不足。对他们而言，犯错就相当于暴露自己的弱点，暴露自己所追求的完美之环中那薄弱的一环。他们避免遭受批评和谴责的方法，要么就是试图全部都做，要么什么都不做。其实，你不一定非得完美才优秀。

将目标建立在技能和理想之上——
那些你梦想的、希望的和相信的，
因为，如果你唯一的方向
仅仅指向完美，
那么你的目标几乎不会实现。

QTIP（别放心上）

失败是一个结果，一种结局。它不是某种特性。如果你不这么认为，那么你可能有点过分敏感了。那些有过分敏感症的人，没有将这种过度的人格缺陷归因于先天或遗传因素，而是怪罪于后天行为。尽管完美主义者的独特失望经历和他人一致的悲观行为是引起过分敏感的主要原因，但导致这个性格瑕疵的罪魁祸首其实是他们自己对这些原因的反应。第一次太把驳斥和拒绝放在心上，就播下了一颗种子……那颗种子快速地成长起来，每次接收到更多负面反馈或者批评的时候，就相当于给它施一次肥。我们对负面评论和意见的反应直接决定了对这些种子的影响有多大。如果有人对你的要求说不，或者不同意你的想法或者提议，其实那个人并不是总是拒绝你。如果你觉得受伤了或者遭到排挤了，那可能与你怎样看待你自己有关。如果你扭曲、误解或者（故意地？）曲解别人甚至最善意的行为，你需要记得 QTIP 这个方法——别放在心上！当你不再觉得自己是一个受害者，你就可以开始看到每一个驳斥、拒绝或者否认背后的积极方面和机会。你会简单地将拒绝看作是对自己方向的改变。

另外，在这个沟通如闪电般快速的今日，因为缺少原本有意放在语句中的语音语调变化，而误解手机上或者电脑屏幕上文字的可能性实在很高。因此，应该准许假定其无恶意，并运用 QTIP（别放在心上）方法。这里有一个很好的例子，我最年长的哥哥无心犯过的一个错误。这个世界利用科技便可以与任何人即时交流，作为这个世界的新手，他遇到了一位与他完全相反的女性。他想夸赞她回复信息的速度快，于是试图通过跟上她打字的速度，想给她留下一个好印象，而这不过是徒劳。他手指笨拙，在打“快”（Fast）字的时候，漏掉了一个“a”。他很快回复了她的信息，本来是想夸她“你好快”的，结果变成了“你好胖(Fat)！”但他很幸运，因为那位女士选择使用了 QTIP（别放在心上）策略，这段关系才得以继续。

舒适区

舒适区是你内心的一块地方，被你自己假想出来的边界包围。它专供那些熟悉的、可辨识的、未被质疑过的、可预见的、平庸的东西栖息……还伴随着来自以上这些东西带来的安全感。如果你的生活主要在“舒适区”内度过，那么毫无争议，这将是最难以跨越的隐形篱笆之一。毫无意义的工作带来的安全感、不尽如人意的恋爱导致的可预测性、一个坏习惯带来的即时自我满足、仅仅基于相近或者熟悉而发展的友谊、主要因为寂寞而建立并保持的人际关系：这些不幸的支柱会一直矗立着，直到我们放弃在舒适区中找到的安全感。

20 世纪 60 年代早期，一个电视节目的开场白就是：“在人类已知之外还有一个第五维空间。那个空间巨大无比，时间永恒。它是光和影、科学与迷信的中间地带，它存在于人类恐惧的深渊，也存在于人类智慧的顶峰。这就是想象的维度。我们称之为‘迷离境界’。”

我讽刺地反问了一句：在某种程度上，你害怕一旦踏出舒适区，将进入另一个维度却再也回不来了吗？跨出安全界限会带来哪些负面的结果？探索新的机会、承担情感上的风险、尽情享受你短暂一生，当你仔细考虑这些事情好与坏时，你会发现好处远远超过了坏处。换言之，实际上意思就是，去尝试、去努力，你有什么好失去的呢？

记得要踏出舒适区，并按照自己的步伐去冒险，这是很重要的，这样你在过程中就不会感到气馁。想一下，两种人在水很冷的时候去泳池游泳：第一种人开始只把脚泡在水里，然后慢慢地、小心翼翼地让自己整个身体浸入水中，一次挪动一点点，让自己的身体慢慢适应温度的改变。第二种人，毫不犹豫，直接跳到冷水中。两种人的最终目标是一致的，但是为了达到这个目标而采取的方法却是截然不同。他们个人知道哪种方式最适合自己。

有一天综合征

你有没有给自己的一周再多加一天：星期五、星期六、星期日……有一天？你与别人谈起你的梦想和愿望时，用的句子是不是大多以如果和当开头？当我减肥成功时……如果我得到那个升职机会……当我退休时……如果事情会改变……当我运气好一点时……当我生活有规律时……当我的生活有所好转时……今天是某个地方……某个人一生的最后一天。你认为他的有一天还会到来吗？对很多人来说，有一天永远不会来了。正是如此，星期日对一些人可能永远不会来了；明天早上 6 点对一些人也可能永远不会来了。你是否仅仅只是活着，每天醒来都重复着前一天的动作？你是否一生都在梦游，不断把你的幸福延期，直到你自创的“如果”和“当”真的发生？

能制定目标、专注于实现那些目标是很好的，但是在心里真正去推迟生命中真实的满足感，迟迟不去实现你的目标，并不能算作任何一种“幸福方程”。日子一天天就这么过去，不管是你是否已接近目标，也不管你是否在追求自我制造的幸福过程中已取得了长足进步。日子就这么过去。都说幸福是一场旅程，而不是目的地。那么，以这种人生哲学来说，我们都应该在达到目标的过程中努力让自己幸福、满意和满足，而不是一直把我们的幸福和满足延期，在到达目的地之后，却又给自己设置更高的标准，说服自己达到另一个目标后才会幸福。如果使用“我将会幸福”这个策略，我们生活中永远也不会完全开心、完全满足或者完全满意。

如果我们学不会怎样满足于自己已拥有的，那么总会有另一个“我将会幸福”的目标即将到来，等着我们去实现，这样做我们就把真正的幸福变得无法触及。等待幸福，就像一直生活在一种悬空的状态中。

是否曾经问过你自己——
我幸福吗……满足吗？
还是你每天都在期待
你的下一个成就或下一个结果？

你是否曾推迟真正的满足感？
你是否曾真正内心平和？
你又是否曾创造了幸福的度量衡，
它却似乎永不停休？

有时间就去做

在任何隐形的篱笆清单上，排在前面的肯定有这个词：拖延。在达到一个目标或者实现一个梦想的道路上，拖延是最具破坏力的那个障碍。

在我还是孩子时，有一天，父亲礼貌地要求我做一些日常的琐事，显然，我觉得那没有什么好玩的。于是草率地回答道，“我会做的，老爸……一有时间就做！”我不禁发现，他明显假笑了一下，然后从口袋里掏出一个小的圆形硬纸片递给我，那个圆形纸片直径大概五厘米。两面都只印着：有时间就去做。

有时间就去做

他从本质上找到了确保我有时间就去做的方法。

拖延是一个会不断循环的缺点，因为让步于拖延而会带来即时满足感的人通常会……从明天开始不再拖延。这个循环就如此继续下去。要意识到，是时候诚实地识别出隐形的篱笆，并跨过阻止你有时间就去做的那个围栏。

拖延可能是基于以下这些原因：

没兴趣：一旦很久没有去碰过一个提议或者一个目标，激情的火花都已消失。及时回到最初，挖出最初的灵感，唤醒你的激情！一直要随时携带你的灵感！

杂志简报、诗歌、名言、文章……把它们放在一张布告牌上，放在你钱包里，放在任何你觉得最方便的地方。把它们放在你的视线范围之内。一些对的文字，在对的时间，它们的感召力可以惊人地强大。灵感，不管你在哪里找到它，它都能帮助你重拾梦想。

没精神：如果没有基本的医疗条件，治疗懒怠最好的方法就是运动！这是一个循环……运动增强你的体能，但是你会觉得，你需要更强健的体能才能去运动。很多人认为日常运动一定是耗费时间、气喘吁吁、十分艰巨的一个任务。如果日常的运动安排会令你却步，给你带来压力，那便去掉日常这个词，只在你能做的时候去做。适当在你生活方式中穿插安排一些运动，但尽可能频率高一些。改变心理和身体的感受，每天只需要几分钟。运动是可以用来实现你目标和梦想最简单的答案，也是最简单的方法。

决心的消散：这个可以用来描述激情稳定地消退。从想法最初那一丝火花到这个想法开始实施，期间时间过去了很久，你已经找不到你目标的中心在哪儿了。因为你的目标已不再新颖，所以你将它搁置起来，而新的想法又在引诱着你。因为你还未采取任何行动，可能你会想，它肯定不如你当初想象中的那样好。毕竟，你没有采取行动，肯定也还是有原因的，对吗？不对。你的新想法也会一样，很快就变成旧想法。不要仅仅因为还未开始实施你的旧目标，就用更新的想法把它替代。如果这些目标在你脑海中挥之不去，它们将一直在那里，直到你开始努力去实现它们。

不诚实：你告诉自己明天或者下周就会开始着手你的目标、提议或者梦想，但内心深处你知道，那不是真的。在某种程度上，我们掌握了对自己保密这门艺术。是否你对自己撒的谎只是为安抚自己的思想，去逃避失望或者不让自己的梦想死去？不断延迟起跑的时间，只不过是在推迟整个比赛。只有跨出第一步，比赛才会真正开始。

他人的支持（或没有他人的支持）

快速消减激情的一个有效办法就是待在一个与你不持同样狂热信仰的人周围。我读到过多次，我们必须将负能量的人从我们的生活中清除出去。这个建议并不实际。如果你生活中最消极的人是你自己的母亲，那怎么办呢？你不能简单地因为你的朋友或者家人没有用同样积极的态度去对待你的想法和目标，就与他们脱离关系吧。

事实是，如果你身边的那些人，不相信你的目标，也不支持你为实现那些目标所做出的努力，那么你要着重把他们对你行动的负面影响最小化。将注意力放在你对理想的自信、坚持和信仰上。如果向身边的人解释了那些目标对你的重要性之后，他们仍不理解，如果你未能让身边的他们尽可能参与到你的目标中去的话，那么少花一些时间与那些反对你的人在一起。不要浪费你每天大把最宝贵的东西——时间——等他们同意你、支持你。

请记住，他们也有自己专注要努力去实现的目标。你也应该愿意关注他们的提议和目标。支持是相互的，如果你想要别人关注你的目标，你得愿意关注别人的。

也有可能你的朋友和家人不愿意帮助你、支持你，是因为他们过往给你的帮助和支持并没有得到你的考虑。当他们给出与你不同的意见和建议时，你是否太过坚决地忽视？如果你向他人寻求意见和看法，你应该敞开胸怀接受并考虑他们给出的意见。如果你奉行“我说了算”这样的人生哲学，那没人愿意与你共事，或者没人愿意支持你。

> 敞开胸怀接受意见和建议，
> 允许他人自由抛洒光芒；
> 如果认为你总是对的，太过频繁的话，
> 你将一无所有。

比较

正如奥斯卡·王尔德所说：“做你自己。其他角色已有人选。”

我们时常将自己与别人相比，而我们创造的那个负面自我形象就会不断加深。我们周围的人似乎总比自己更瘦一些、更富有一些，也更幸福一些。社会本身似乎也已将它洗脑的能力做到完美了。电视广告、纸质媒体和电台广告每天如洪流般向我们扑来，建议我们“应该”怎么穿、怎么做或者怎么生活。那样会让我们觉得，我们离我们真正的自己还有段距离，就因为我们没按照那些广告所描绘的理想生活方式在生活。总会有人比你“更好”，但就算你不经常去对比，也总有那么多人比你“更差”。

将自己与他人比较的最终结果就是，你最后会希望自己有所不同。我们所有人都是独特的，生来就有着不同的心态。我们有着自己对生活经验的独特解读，每个人的反应和情感都迥然相异。原本就应该如此。我们的不同，我们的卓尔不群和能力是我们给这个世界的燃料。你独特的特质代表着生活拼图中重要的那一块。不要纵容那与别人比较出来的不同来削弱你的骄傲。这样做的话，你自己的行为和思想会被别人控制，也只会让你成为一个傀儡。

你拥有一些别人没有、也不会有的东西。就算长得一模一样的双胞胎，也会有各自深刻独特的性格和才能。没人能达到完美。每一个人都有缺点和弱点，但一个人有好有坏，好坏结合在一起才造就了他。

别再把自己和他人作比较。命中注定你就是一个独特的个体。尽管这个听起来应该是儿童电视节目中那只紫色的恐龙才会唱的——你是特别的！如果你忘记了你是谁，那么去你自己那里，而不是别人那里寻找你原本的样子。没人能比你更像你自己！就像木头上的年轮，我们每个人都是不完美的、独特的、美丽的，也注定按照我们自己的方向走下去。你是在过你自己的生活，还是为其他人活着？我们所在的社会建议我们该成为怎样的人，建议我们该如何行事，该买什么东西，甚至该如何穿衣服，而我们的责任就是有所选择地忽略掉那些建议。一旦我们决定了，来到这个世界是为自己而活，不是为我们的父母、朋友、老师或者相识之人而活，那么我们就可以靠我们自己的才智、天赋和激情去过我们自己的生活。

当我翻开有关生小孩的那一章节，我将这一生命篇章中的我想象成为“迷你的自己”。他们会有我的技能、我的价值观、我的理想。他们会像我一样走路、说话，也与我有着相同的信仰。没过多久我便发现，自己这种想法是错误。那每一个我，与我们每一个人，生来就有着独特却又截然不同的能力、认知技能和还未播下的种子。关键是，我们应该为自己内心中那独特的一切感到骄傲。

回想起孩提时的一个问题：
“长大后，你想做什么？”
如果那时我能得知现在所知道的一切，
我会回答说：
“我想成为我自己……”

灰色地带

学会把幻想（希望、欲望、愿望）与目标（目的、抱负、意图）及梦想（想法、使命、主意）区别开来。明确你的抱负和梦想，权衡为了实现它们可能需要投入的精力和统计学上可能的胜算。评估能达成它们的可能性，然后清除其中的那些幻想。买彩票中奖可能很好，但难道利用时间去评估你的胜算、直面现实，并认清彩票或者类似的事情只是幻想，而非梦想或者目标，这不是更有效吗？幻想很有趣，事实上它们也需要你投入实实在在的时间，它们代表着一道隐形的篱笆，阻止你实现你的目标。要去辨认、评估你的目标、梦想和你的幻想，请记住，实现一个目标或者一个梦想更需要投入实实在在的时间和精力，而不仅仅是靠运气、巧合或者命运。

当你把远大梦想与实际和可行性结合起来，而不是将其与希望和幻想结合起来，结果就是一个可以达到的目标。我听过许多人分享这样的名言“没什么是不可能的”“做一个可能论者”。如果善意理解的话，最积极的肯定是去拥抱所有可能性，但我们必须了解，事实上，并非所有事情，都是可能的。在现实中，上述的名言不过是建立在盲目信仰和否认事实的基础上。假如我心中有两个目标，第一个是要减肥25千克，第二个是成为美国总统。从技术上来说，两者均“有可能”实现，但是看清现实之后，我很快意识到，其中只有一个目标，在通过我潜心努力之后是真正可以达到的。我可以花整个余生的时间去努力使自己当选，但从可行性角度而言，成为美国总统可能根本不会发生。但是，我可以少吃一个或两个起司汉堡，实现那两个目标中的第一个。实际上，生活中不可能的事情比可能的要多。因此，我们应该完全专注在那些能发生的事情上，做我们自己，并欣赏自己的成就和才能。

当你能把目标和愿望区别开来时，你就可以设定实际的目标了。在我们根据幻想而不是根据可达到的目的去制定目标时，我们给自己准备的只会是挫折。我们大多数人能够达到的目标都比我们预先认为可能达到的要多——只要将目标定在比你认为的实际更高一点的地方，要确认，你之所以去努力实现目标，是因为它们会让你觉得更有成就感、更成功、更令人满意，或者让你觉得整体上都更好，而不是因为你想给别人留下好印象。

犹豫不决

很多人会把犹豫和拖延混淆起来。尽管这两道看不见的篱笆会有交叉的地方，但它们却是两个单独的障碍。犹豫是踌躇不前，迟疑，难以抉择。尽管犹豫不决也会导致拖延，因为决定一件事情花的时间越多，你什么都没干的时间就越多，在你确认目标是什么之前，谈何去实现它们。盲目地朝着你梦想的方向前进，希望随着梦想旅程的继续，目标便会自己出现，这也算积极，但最多也就是个没什么用的积极。如果你是一个犹豫不决的人，那么用铅笔简要写下你的计划，并随时准备一个橡皮擦。

首先，写下你目标的各个方面。这并不需要你一开始就写出一个完美、按时执行的计划。就把那些浮现在你脑海中的想法写到纸上。在我写这本书时，脑海中的思绪和想法就像一盒打开的意大利面，从十米高的地方掉到地上，到处都是。不管什么时候，我一开始写，这些想法都会在我脑中徘徊，让我分心，阻断我流畅的创作思路。直到我将它们从我脑中清空到纸上，再配上几个简单的标题，我才得以在脑海中留出空间，从而继续创作。

霉运

有一些人相信，如果他们老老实实地屈服于生命恩赐带来的幸福感，并对此真诚地、发自内心地表达感恩，他们终将给自己的好运带去“霉气”。他们认为，完全沉浸在自己应感恩的所有事情当中，并且尽情享受它们，那会导致别人或者别的事情来打破他们对生活的满足，正如针扎进气球一样。

对一些人而言，对于倒霉的事情，他们建立起了一套衡量幸福的信念系统——人们认为他们分配到的是定额的幸福，可以得到的幸福也有多少的限制。可能这个想法是源于自己缺乏无私奉献的精神而感到内疚，又或是潜意识中对姻缘的不认同。

那些内心满是宽宏大量的副产品——个人的自豪与自我满足——的人，满怀渴望地期待，但并不希望宇宙对他们的善行有所回馈。那些认为世界没有更慷慨地给予无私奉献者更多回报的人，基本都需要给他们的心门门枢加上润滑油，因为他们的心门很少打开，所以已经生锈了。如果你从不奉献，那么请开始奉献。如果你一直奉献，那么请奉献更多一些。我指的并不是你的金钱，而是你的时间、爱和同情心。做好事、行善事，这些都将成为你去订阅一生的幸福所要支付的假想费用，能让你尽情享受这些幸福。

如果这道看不见的篱笆、倒霉的想法，哪怕你只有一丁点，也需要将它推倒。只有播下什么种子才会收获什么东西，而你却还没挥起锄头，如果你害怕这一点，那么立马做出改变。将你放进生活中的任何内疚和疑虑清除掉，其实它们与你有权支配的恩赐和幸福一样多。

许多人相信，如果你行善事，不管出于什么原因，你就可以自信地在因缘这列往返列车上选一个好位置，因为善行最终会有所回报，我也这样认为。（只要这样的想法不是你最初行善背后的动机即可。）

授权

寻求帮助；如果需要帮助则寻求帮助。不要认为别人会看着你淹死。在沉下去之前大声喊叫：你需要救生衣。别人不可能知道你在想什么。我想起一个笑话："那些相信心灵感应术的人，把我的手举起来看看。"

父亲传给我无数智慧的箴言，其中有一句特别的话已是老生常谈，作为一个工作狂，他经常说："如果你想做好一件事情，就自己动手做。"这句话对我而言，弊大于利。

授权这个词从未出现在他的字典里。结果是，我之前会（现在也倾向于）将所有的事情都自己做。我发现错误如果是自己犯的，则更容易接受，也容易改正一些，也不会因别人的过错而遭受谴责，并且还一直为此担负责任。

不幸的是，离开企业界之前我也未能学会这个魔法——授权——和它的必要性。承认你会不知所措，承认你会需要帮助，这并不是一个弱点。

什么东西会阻止你授权给别人或者向别人请求帮助呢？是因为"共享"责任带来失败之后，你害怕承担责任和责备？或者是成功时不愿与人分享他人的赞美？很多时候人们会滥用授权的预期使用目的，反而将其看作责任的即时转嫁，因为这样也就把责任承担转让了。

他们奉行"踢皮球"策略，避免自己承担责任，回避自身行为带来的后果。

我发现
承担责任是最好的方式……
“搞砸了就坦率承认”
是最好的人生哲学！

你是否见过一群鸟儿朝着一个方向飞翔？通过团队合作，它们转弯时步调一致，就像一个整体，以全新的方向飞行，队形丝毫没有破坏。为了完成一个目标，要学会与他人协作，即使你可能认为自己贡献得比他们要多，团队协作，也毫无疑问是一条通往成功的路。老话说“团队中没有‘我’”，如果你不这样想，声称团队中多多少少还是有“我”的存在，那你必须问问自己，为什么你觉得你更需要被认可，而同样做出了贡献的其他人就不那么需要呢？这是你迟迟不愿授权背后的原因吗？如果你想知道，为什么不被认可，你还需要投入时间和努力，那么你就要考虑一下，已完成的一个目标中个人骄傲和自我满足的重要性，即使那个目标需要别人的帮助才能完成。一名运动员，尽管经常获得荣誉，但是没有团队的帮助，他可能一分也得不到。老话说得好：“如果你沿着一个篱笆走，发现一只海龟站在篱笆桩上，你就知道，它一个人是到不了那里的！”

变数

我记得小学时，我的狗把我的作业弄坏，事实上是吃掉了，之后，我拼命地向汤普森夫人说明我的情况。嘿，有时候就是这样！她是一位极其好心的女士，因此她对我诚挚的解释所表现出来的不信任让我感到好奇。我理解不了她为什么不试图理解我。朋友们，变量是什么？为实现计划和目标而努力是美好的，甚至比达到目标更加美妙，但是总会发生一些我们无法控制的变量，它们阻止我们把一件事情做好。

每家我工作过的公司每年都会给员工做年度测评，评价员工的绩效，坚持要求我们在三天之内把来年的工作计划写出来。这些工作计划将被视为个人或者专业绩效，作为第二年年度测评的依据。成为职业母亲之后，我很快便意识到，许多我列出来的目标就因为我那些小小的变量(孩子) 而不能实现。他们的需求、生活和要求毫无疑问会让我对目标做出许多调整。事实上，在我进入母亲这个角色时，我完全理解也毫不犹豫地接受了这些调整。每一年写计划时，我必定一开始就写出我的第一个目标：将年度测评的目标列出一张完整的单子。我的老板们也从未在我这个有着诸多不确定性的计划单子中找到任何幽默感。

那些身居权威的人，包括我的父母，往往会拒绝相信，有时候一项任务或者一个目标没有达成也是能合理解释的。不论怎样，他们觉得，承认有一些事情是我们所控制不了的变量，这在某种程度上是对他们权威等级的削减。甚至在法院，人们最初都是假定无罪的。

然而，我们也需要停止把那些变量当作借口。为了学会怎样不重复过往的失败，径直往前行，我们必须忘记那些变量的存在。每次失败，我们必须学会怎样带着自信，将变量自行消化。

别再玩那个指责对方的游戏了。要想成为一个成功、满意且不断进步的人，请练习着把生活中的事情带回给你自己。每次你直觉想把责任推到其他地方时，记住做这个决定的人是你，不是别人。尽管别人过往的行为至今可能会对你的信仰和情绪有所影响，但选择和决定都只是你做的。当你的选择、行为和决定不如期待或预期的好，那么不要将这个结果或者后果怪罪于他人。你会让过去持续影响现在多久呢？

惯性滑行

惯性滑行是指永远波澜不惊、从不试图改变地往前行。

时间流逝，我们变得洋洋自得，满足于在永远波澜不惊的生活中滑行。当我们放纵自己去滑行时，我们离自己的目标会越来越远。直到看到现在的自己和想要成为的自己之间的距离时，我们才意识到自己离开目标有多远了。滑行时，我们变得洋洋自得，曾经可以激励我们的那些事情已变得沉闷乏味。我们知道乐趣其实就在这里，但我们感受不到。我们适应了目前的形势和环境。

跟自己签个合同可能会有帮助。在你签下合同，承诺支付或者提供服务时，签下自己的名字，答应做一件事情，这个行为称之为承诺，它能给予你力量，让你优先考虑合同中标明的任务。同样，要去激发参与你这个提议的其他人，这个方法也同样有效。给自己一个承诺，这就像你与别人签订合同，承诺达成一定目标一样。跟自己签合同会建立一种类似于激励棒的刺激关系，能不断给自己激励，不断给自己义务。

小路

如果你是那种只有知道目的地之后，才会开始一场旅行的人；如果你对旅途中的曲曲折折一无所知，那么你至少应该根据通往目标的路上的路标来决定在哪里停下来休息，来评价你的旅程，如果需要的话，重新规划路线。路标可以帮你避免走一些弯路、岔路和小路，它们随处可见。

为了确保自己不走上这些小路，为了实现目标，每天为自己的心态做些事情。做些事情。一位写作老师告诉我，要我在办公室墙上显眼的地方挂一个大大的“一年概览”的日历。他还说要去买一支又大又粗的红色记号笔，每天完成写作任务后，我就在那天的框内打一个大红×。仅仅几天之后，我就在日历上画出一条清晰的线，我画得越多，线越长。我的任务就是不要打断这条流畅的线。坚韧和专注在对抗看不见的篱笆这场战争中，是我们重要的盟友。全神贯注需要坚韧，而坚持到底也需要随时保持专注。我收到的另一个建议，有关写作，有关我自己选择的职业，说的是怎样对抗热情的缓慢消退，似乎在我努力完成一个时间跨度很长的计划时，在中间阶段，我的热情就会慢慢退去。同一个项目我会在不同的时间开始好几次，但总因各种原因而未能完成。我经历的失败越多，结果失望越大。写作课的一位教授建议我，想象自己坐在一张有胶水的椅子上写作。假设我的屁股一直被胶水粘在椅子上，直到计划完成。

当然，如果要达到目标不需要你一次坐上好几小时，你就找一个与椅子胶水相对的例子试一试吧。想象一下能够在心理上鼓励你，让你坚忍不拔的类似工具，帮助你实现你的抱负、达到你的目标。不管什么时候，如果需要，找一些安静的时间，将外界的影响清除出去，内心深处回想一下以往你仍相信自己，相信你自己提议的那段时光。

还有一个故事一直激励着我，那是关于狼的故事。我曾经读过，狼群出去的大部分捕食都是无果而返的，所以才会有“饥饿如狼”这句话。然而，每一次捕食、每一次失败都磨砺着狼的捕食技能，也能点燃它的欲望。狼会从每次失败中学习，并不断完善自己的技能。它从未被吓倒，也从不气馁，只是用它所学到的技能继续捕食——更强、更快、更聪明。

有些人成功，是因为命中注定。

但有些人成功，是因为他们下定决心要成功。

——亨利·凡·戴克

下面这一节简单的诗是我自己写的，当我对一个特定的目标不温不火的时候，它就能不断激励我。

当你认为自己已经尽力
争取再付出哪怕一点点…
往往，钥匙环上最后那一把钥匙
就能开启成功之门！

隐藏的灵感

将那些能够激励你的东西放在你的视线之内。相片、书、名言……所有能点燃你想象之火的东西，所有能鼓励你不断向前的东西，将它们放在你经常看到的地方。你将它们束之高阁或深埋抽屉的那一刻，视线就被挡住了，你再也看不到那些会激发你实现抱负的东西了。我七年级的时候，课程安排中包括吉他选修课。我迫不及待地报名了，并数着日子等待开学，因为一到那时我就可以学习弹吉他了，这可是我一直渴望要做的事。就在开学前一天，我接到一个电话，通知我因为报名人数太少，那节课取消了。我至今都能感受到当时的失落。

很多年过去了，我从未上过吉他课，从未买过一把吉他，也从未拾起那个梦想。今年，我女儿给我买了个吉他作为礼物，着实让我惊喜。花了几小时练习基本课程之后，我在圣诞节早晨给所有人演奏了《铃儿响叮当》这首歌，不断重复地弹着“叮叮当，叮叮当，铃儿响叮当”。尽管我知道自己只是初学，但还是感到很自豪，内心激动不已，因为我深埋在心底的一个梦想苏醒了。现在，我已重新开始学习弹吉他，尽管这个目标已深藏多年。

每当我在房间中穿梭，经过那把吉他时，它的存在本身每天都能激励我。说到要保持雄心勃勃的状态，并且任何时候都确保自己思维的列车在正确的轨道上行驶，“眼不见，心不想”这句老话也是很准确的。

足够接近

一直以来，我都是一个持续追求完美的人。我记得孩提时，自己会慢慢地、有条不紊地用一支粗的黑色蜡笔把一幅画的轮廓勾勒出来，这样一来，不同的颜色就不会“渗出”那条线。因为，如果不小心，我那小手失控将一种颜色涂到另一种颜色上，哪怕我的画就要画完了，我也会把它揉成一团扔掉。在我心里，因为它不完美，所以它就没什么用了，对我而言，它只代表着我的失败。

回想起来，我也不知道当时那种压力源自哪里，因为父母从未对我有过高的期望，他们自己在生活中也不是完美追求者。这个特质并不是从父母那里继承的，而是我在短短几年内自己习得并完善的，但是我要试图“去掉”这个特质，花的时间更多。随着自己年龄的增长，我识别了这种不必要的压力，在每天与生活的斗争中，我们大多数人都在经历这种压力。压力的定义是“对某人的时间、注意力和能量有着强大的要求，会令人紧张不已”。在我看来，有两种压力：生活给予我们但我们毫无选择的压力，以及我们主动给予自己的压力。

在这个人人都想成为超级成功者的世界里，我意识到，自己那“足够接近”的想法可能会让人认为缺乏抱负，但我认为，它的源头更像是一种建立自信的理论，这个理论能指导我们在每一次失败中去找寻积极的一面。

在商界以及整个社会，别人不断建议我们，要想取得“成功”，我们必须设定更高的个人和职业发展目标。

我们这样做了以后，他们又会期待我们花上宝贵的时间来制订策略，以帮助我们实现那些自己确立的目标，并避免每一个失败，就像躲避瘟疫一般。哎，失败导致内疚。内疚带来悔恨。悔恨又导致遗憾。这样一个毁灭性的循环是我们自己造成的!

尽管在设定很高的目标时，我们的意图是很好的，但总是事与愿违，最初的目标没能够达到，留给我们的往往都是失败的感觉，而这些失败往往又是由于我们无法控制的情况导致的。我认为，一开始只根据我们潜意识中对成功的计算，往往目标就会设置过高，我们认为成功由 40%的热情、30%的期待、25%的乐观和仅剩的 5%的运气组成。

我给自己设定过很多目标。但是，我学会了对每一个目标虚构一个成功的阶梯。在这个阶梯之上，达到每个目标成功的顶峰之前，我增加一级台阶——足够接近这级台阶。我认识到，如果尽力之后，我只能达到这一级台阶，不能再往上走了，我不会对结果失望，也不会因此看低自己的努力，如此，我会允许自己满足于取得的成就。这样不仅使我每次对结果充满期待，也让我能享受每一个旅程。

我并不是说，我们应该满足于平庸或“足够好”。我是说，我们随时都应该“争夺金牌”，但如果命运给了你银牌，那么请接受它、为它骄傲、从中学习，然后将其放下。争取达到“足够接近”和满足于“足够好”是有差别的。

孔子曾说：“知其不可为而为之。”我认同这句话的意图，但我不希望类似这样的理想给我们的心态增加不必要的压力。如果因为一些发展变化和不可预期的变量导致我们必须调整目标，我们不能认为这就是失败。

我建议，将灵活作为第一个我们要达到的目标，那么你就可以从那里开始了。一个目标就算没有达到，也可以从中找到价值和意义。那些缺点给我们提供了无限的学习机会，让我们从中得到宝贵的经验教训。口头上的教训并不能与从经验、失误和错误中得到的教训相提并论。犯错是发现弱点并将弱点转化为优势的最有效方法。

有人会说，因为实现一个调整了的目标而感到自豪，代表着一种虚荣。对此，我必须再一次表达不同的看法。这样的想法只会让我更加觉得，我们给自己增加了过度的紧张和压力。我们必须学会怎样设定可以达到但富有挑战的目标，这些目标不会让我们感到失望，所以就不会削弱我们对自己能力的信心。

我女儿与我争论说，为了达到目标而降低自己的标准，只会让你的目标没有意义，并且与这个目标背道而驰，但我说，如果你设定的目标不切实际，或者你不能根据当前的情况灵活调整之前设定的目标，那么不管怎样，你注定失败。

我不再不达目的誓不罢休，而是，只要能达到"足够接近"这一级台阶就应该对自己感到满意。如果你有机会再往上走，那么在你通往顶峰的路上，请带上你的激情。如果在竭尽全力之后，最终你的成就只在这一级台阶，那么请带着你的骄傲踏上这级台阶，并将其视为一次胜利。是的，我"足够接近"这个理论可能会被理解为，希望努力争取得到"A"，却只能接受"B"，但如果你能在心理上将"B"转化，让它代表当时情况下只能做到的"最好"，还有什么比"最好"更好的呢？为什么要继续惩罚你自己呢？给你自己一个：可以不完美的许可。

学会对自己不那么苛刻，这样你才能享受到生命的本质，而不是无休无止地将自己大部分时间和精力专注于下一个目标。为什么不设定一些具有挑战性，同时又可以达到的目标，这样在达到目标时自己就能更多地感受到成就的骄傲呢？毫无疑问，那些被自己成功的定义驱动的人，会争论说，必须设定高的目标才能称之为"成功"。我意识到，有时候挑战自己、超越极限是很重要，然而，我也认为，我们必须在时间、精力的投入以及为了追求梦想被迫放弃的东西，与实现每一个目标这两者之间进行权衡，要确保目标的实现与你做出的牺牲完全等值。

我确信，
在努力达成每一个既定目标过程中，
每一座我试图经过的
通往成功的桥梁
都值得我支付过路费！

我曾为一位海军预备队军官效力。在他的墙上有一句名言，用相框裱起来了：“人们只会在意你是否将船安全带回海港，不会在意你在海上遭遇过怎样的风暴。”进一步深入我的职业生涯，另外一位老板也开玩笑地表达了相似的想法：“别给我讲生孩子有多痛苦，直接把孩子给我看！”我曾一直全力抗争这些轻松表达出来的观念。生活不断变化，不管我们怎么努力，环境有时仍会阻止我们去实现目标。遵循上面那些说法就意味着，一旦最终目标不是100%的成功，就算我们投入100%的精力，也可能是白费，根本不重要。我认为赏识自己是必要的，哪怕只有你自己赏识自己。我不赞同说流过的汗水，付出的努力没有丝毫价值。别忘记曾做出的努力，要意识到每一次尝试都包含勇气和价值，不要因失败而气馁。你要比你之前更强大，以更好的姿态，利用你学到的知识，继续向前。

总之，目标还是要设定，也要设高一些。然而当你的努力只能把你带到“足够接近”这级台阶时，不要自责。要知道，“足够接近”，就算有时不是你想要的，也并不是那么不可以接受。在掷马蹄铁游戏中，足够接近经常能在最后获得胜利。

不要看轻任何一次认真的努力，
尽管最后你可能并未获胜……
如果你能从错误中有所得，
我的朋友，那你就不曾失败！

ON 关于感恩 GRATITUDE

感恩策略

策略：旨在实现一个整体目标或意图的行动计划或计谋。感恩：感激他人的品质；随时准备表达感激之情。感恩策略：将上述两者相结合的一个虚拟技巧，旨在习得、磨砺并保持一种个人感恩的策略。

我认为真正的感恩是一种技能或一种艺术——这种特质并非与生俱来，而是在生命旅途中习得的。此外，我认为，感恩是在生命中获取宁静、满足和平和的真正核心。没有它，到处都将是看不见的不安与躁动……内心烦恼、无休无止的骚动。我将感恩比作我们心灵水面上连续不断的涟漪，而不是那平缓、波澜不惊的泉水。

在这里，我指的是那些被欲望激起的涟漪，萦绕在我们心头，不断挑逗我们。欲望是感恩的敌人——一个沉默的敌人，无情地煽动着我们，用“可能会怎样”来挑逗我们，同时又能粉碎我们对“现在”的感恩。我们学会放下欲望，开始感恩之后，我们才能平息这些不安的涟漪。

要平息这些涟漪，我们必须一开始就采用我称之为“感恩策略”的技巧。很明显，这是结合了策略与感恩的一个组合词。

“感恩策略”是专注……对“现在”的关注。它是全神贯注：对绝对感恩的一种特意的投入。它是接受：对个人现实的识别和吸收。它是减速：对我们高速生活的减速，以便我们能尽情享受当下的幸福，它们往往转瞬即逝。它是一种逆向思维：一种社会上已扭曲的成功观所造成的人生哲学，这些成功观点可能在我们脑海根深蒂固。它是一种心甘情愿：随时准备打开我们的心灵和思想，真正把握我们“此地”所拥有的。它是一种意识：意识到失败和失望不仅是伪装的恩赐，也是人生重要的必修课程。它是一种信仰：发自内心地认定“适可而止”不是陈词滥调，而是诚挚的真相。

感恩策略，一旦获得，可以真正将陈旧、熟悉的东西再次变得新鲜、有价值。它能通过经常被欲望和希望压制的满足感给我们的精神带去活力。

我并不是说，不去为达到更高层次的成功努力这样更健康。我是说，在我们努力达到下一个层次的同时，在目前“这个层次”期间，应该学会满足。我们需要在感恩与欲望之间找到属于自己的、健康的平衡。因为在欲望战胜感恩时，我们会经历那种思维的矛盾，不满的碎片无所不在，它们能穿透我们现实生活的外衣，把我们“当下是怎样”变成不可实现的“可能是怎样”，变成有时候不可企及的“应该是怎样”，或者变成往往悲惨的“将会是怎样”。当欲望多过感恩时，我们的灵魂将会被看不见的链条缠住，不能自由往前走，同时，我们肯定也无法触及真正幸福的门槛。

如果你能有意识地减少日常交谈中如果的使用，那么你就能更容易达到高层次的“感恩策略”。如果经常伴随着消极，这种消极会扭转感恩策略所带来的积极影响。如果我能=可能会怎样。如果这将发生=应该怎么样。如果它没发生=将会怎样。这些如果让我们完全接受“现在”是难上加难的这个想法。如果你能真正掌握并实施一种感恩的策略，如“感恩策略”，它能永远改变你的生活。激起我们内心骚动和不安的是我们造成的对自己的不满，是我们对自己社会地位的不满，是我们对自己人际关系的不满。

感恩和感激是追求内心平和的一个过程。它们形成了我们为心灵、自我和生命而建立持久满足感的基础——那是一种只有我们内心能同时诚挚地感受到感激和满足时才会经历的一种独特的满足感。这种满足感让我们觉得有必要不断说“谢谢”。每天都能重复用到“谢谢”这个词是一个好习惯，因为生命中总有一些东西值得我们感恩。只是，对于生命给你的这些恩赐，你该感谢谁呢？感谢上帝、感谢你自己、感谢父母、感谢宇宙、感谢天、感谢你的幸运星……感谢任何人任何事，将它们作为你感恩的对象，但要将这种感恩表达出来，将它变为现实，并感受它。

时间是当前对我们最好的恩赐之一……为什么不努力多利用它，感恩生命对我们当下的安排，少用它来抱怨已发生的事情，少用它去渴望没有发生的事情。对我们已接受的恩赐要经常性地表达感激之情，这已被证明是能够增强内心平和感的一种途径。

我不介意玻璃杯里有半杯水还是一杯水……

我只是幸运我有个玻璃杯。

——乔·法雷尔

想象它不见了

生活各个方面，如果发现不满意的地方，你就假装——只装那么一会儿——它不见了。想象引起这种感觉的原因从你日常生活中彻底消失。如果你觉得你那十几岁的孩子难以相处，想象一下没有他的生活。如果你和配偶关系不和谐，想象一下，第二天早上醒来生活中已没有他。如果你房子需要修葺或者翻新，这令你焦躁不安，想象一下你站在冰冷的雨中，那一扇你可以走进去避雨的前门已不存在了。如果你的工作压力大、令你焦虑不已，想象一下成为万千失业大军中的一员是什么感觉。

想象某个东西已永远消失，这样能强迫你去感恩当下所拥有的。你是否曾被噩梦吓醒，那是一个让你痛彻心扉的十分逼真的梦魇，或者是一个非常真实的噩梦？就在那几分钟内，你对事实有着清晰的认识，在那段时间，你脑海中经历的那些东西，尽管如此真实，但却不是事实，这几分钟就是绝对的感恩。那转瞬即逝的几分钟时间里充满着感激，如果我们能记住并能再三回味“梦后”的那种感激该有多好，这样就能帮助我们掌握“感恩策略”。

Live Your Dash.

那些人

我写作，不是为了那些感恩
充足财富的人，
而是为了那些好运护佑他们
家庭和健康的人；

那些走上黄金大道
通往财富和成功的人……
他们与那些不如他们的人
隔着安全的距离，

但，我为那些
即使看到别人拥有更多
仍谦卑地细数自己
的幸福并为之感恩的人；

那些人的生命旅程
离最好还有很远的距离，
但他们认为自身
仍然幸福；

那些人敞开胸怀付出，
从不问为什么；
那些人慷慨分享水源，

哪怕自己的井快要干涸；

那些人看着邻居的财富
并不嫉妒也不贪婪，
更不记恨他们拥有的
远远超出他们需要的。

让我们庄严承诺：
每一天都要
怀一颗感恩之心
感恩那些……

每一天

我创作“每一天”这首诗，是受到父亲最喜欢说的一句话的启发。他经常开玩笑地说，如果我们出生时，每个人额头上都印一个有效期就更好了，就像一盒牛奶那样。这样的话，我们就能更好地计划我们在地球上旅行时所选择的路径，因为我们能知道自己最终离开的确切日期。

父亲在自己生命渐渐消逝时，教给了我一些有关怎样真正享受自己生命的宝贵课程。他告诉我，我们无法保证自己会有下一个明天，我们很多人也不会有机会知道自己大概的“有效期限”。因此，我们需要尽可能多地把自己的想法告诉我们爱的人，不能等到明天。现在我们每天都忙碌不已，每一分钟聚成每一小时、每一天，在我们眼前消散。那就是为什么我们需要学会慢下来，慢到我们能充分体验我们的这一生，并感恩那赐予我们的幸福。那时，也只有到那时，我们才能真正活着……每一天。

Live Your Dash.

每一天

尽管我们可以与时间这个对手抗争，
但迟早有一天我们不得不承认失败。
随着时间一天汇成一周……一年，
太快了，一生就此完结。

但如果每个人的一生
都用刀切成碎片，
那么每一天将成为

……生命中独特的一段。

我们能确定我们有多少日子
可以笑、可以爱……可以活着，
也知道从生命中获取多少
……付出多少。

于是我们将时间分割开来，
说，我们必须说的，做，我们必须做的，
因为每一天对于我们而言，
到那时是可以保证的。

但，生命并非无限；
时间继续向前大步跨去……
它可能在欢笑结束之前就停止了，
也有可能在所有眼泪哭完之前即已终结。

因此，做你认为你必须做的，
说你必须说的。
抓住所有生命中的时间，
每一天中的所有时间。

多说“我爱你”，
比偶尔要更多……
因为明天你可能没有这个机会
再说一次“我爱你”。

不要将真正的幸福延期。

不要将希望和梦想束之高阁。
每一天，都要尽享，
就好似一天就是一生。

普通的日子

我曾与一个朋友聊天，她母亲一直在勇敢地与癌症做斗争。她母亲对她说过，他们留了一套特殊的餐具给她，如果她长大了，可以用，但只能在非常特别的场合才可以用。我朋友脑中依稀记得那些“特别”的餐具是什么样子。小孩时的她踮起脚尖也只能瞥到那些碟子周围的装饰，她把脖子伸长才刚刚看得到那一堆碟子，在橱柜架子上叠得整整齐齐的。她记得那个架子上的东西都是不能碰的。然而，她母亲告诉她，自从面对生命的挑战以来，那些餐具经常出现在她的餐桌上，很是骄傲，她也十分后悔，在之前最普通的日子里没能好好享用那些漂亮的餐具。

我开始思考“普通的日子”这个说法。我禁不住想，我们中很多人在下一个值得注意的事情或事件发生之前，都不过是在匆匆打发时间，一天天地数着日子过。我们草率地应付那些日子，很容易将那些日子归为“普通”一类。我们往往漠视这些日子，似乎那些有惊喜等着我们的日子比这些日子更有价值。

我好几次为自己有这样的想法感到内疚，比如说“离……只有十四天了”。事后再想，似乎我也没什么特别的安排，没什么特别值得期待的事情等着我——没有假期、没有节日，甚至都没有一个要接收的包裹，我倾向于将这些日子看作“普通”。我发现我经常觉得，这样的日子像一种任务似的那么难熬，我不会去充分享受它们，我认为这些日子不过是通往更重大、更美好日子的垫脚石。

在生活中，我开启了一种全新的思维模式，那就是，不能将任何一天看作普通。太阳升起的每一个清晨，我们醒来的每一个早上，都应该是特别的。如果你用这种心态去看待每一天，把每一天都当作生命中独特的一段，而不认为它仅仅就是二十四小时，不认为过完这二十四小时，你就离某些特殊事情或者事件更近了一步，那么你就能学会怎样充分享受、体验每一天中所包含的一切。

如果一天我早上睡到太迟，或者呆滞地盯着电视机一坐就是好几小时，一天即将结束之时，我常常会想，在接下来的几年我肯定会渴望追回这些浪费的时间。“青春往往在年轻时被挥霍一空”比任何一个说法都要正确。在这里，我鼓励你更多地把你宝贵的时间，专注在每一个不平凡日子的“其余”时间上。

普通：一种寻常的状况或环境。太阳每一天缓慢从地平线上升起的方式有什么相同的地方？秋天的树叶，那明亮而混合的颜色有什么不同？当太阳温柔地穿过云层时，正如同计算机图形程序设计出来的一样，将周围的天空照亮，那光线从云隙中洒下来的方式有什么共同点？所有这些不平凡的事情，还有更多都发生在平凡的日子中。当我们意识到每一天中都存在着独特、美好的东西时，我们才能真正理解，没有哪一天是普通的。

谢天谢地，是……是星期二？

谢天谢地，星期二了!!是不是似曾相识，现在也是？我猜，你在办公室经常听到这个问题：“怎么还是星期二？”这正是我为什么决定要写点东西为星期二辩护的原因！（事实上也明显缺乏说服力来维护自己。）我真正认为，很多人……我敢说甚至大多数人，在生活中并未完全领会到星期二的魅力。

星期二就这样被忽视了。但考虑到星期二实际上代表着我们一周的1/7，或者一周的14%还多一点（用谷歌搜索了一下怎样将分数转换为百分比之后，这是我自己做的换算），我已开始改变自己的思维，并学会了期待并庆祝我所有的星期二，一直到现在。星期二一直受着不公正的指责。一周中其他的每一天在我们生命中都有自己的作用、站位和合适的位置，不管它是消极还是积极。在我心中，星期二让我想起那个男人，有着干瘦的形象，在沙滩上总被正在健美的人把沙子踢到脸上。（如果那个广告发布在你出生之前，在这里致以诚挚歉意。）

星期一：工作日第一天。它可能不是一周中最受期待或最愉快的一天，但它至少有自己的优势！很多时候一些周末三天小长假就包含了星期一，这样一来星期二就被迫顶上去代替星期一，接受众人对小长假后面这个可怕的“扫兴者”的愤慨。

星期二：噢……好吧。（我甚至都找不到赞美之词，从而可以把字体加粗。）

星期三：这一天占据着一个绝佳的位置，它不偏不倚躺在工作日的正中间。它甚至还有属于自己的昵称，“驼峰日”，要熬过艰难的一周就必须爬过这座著名的山，描述爬这座山时会用到这昵称。（星期二没有昵称。）

星期四：尽管它不是工作日的最后一天，人们还是对它充满期待，因为它离星期五最近。是它造就了星期五。很多时候，当周末连休三天，其中包括星期五时，星期四就成了星期五的替代者，因此，就得到了所有原本赐予星期五的敬畏和赞美。

星期五：这是幸运的一天，拥有着尊敬和力量。它等同于工作日的CEO。（我相信如果星期五是一个人的话，那么它将拥有无比的自信和膨胀的自我意识。）作为让人虚脱的那五天的最后一天，很少有人不期盼星期五。甚至著名的童谣也这样唱道：“星期五的孩子，懂得爱与付出……”（有可能是因为它是典型的发薪日。）

星期六：还需要我多说吗？只要不断重复这个词都可以让你嘴角上扬，不自主地微笑。星期六——我甚至在打第一个字母时就在笑，期待接下来的几个字母——星期六很有可能是一周中最受欢迎的一天。因为星期六成了欢乐这个词的同义词。欢乐的事一般发生在星期六。婚礼、派对和野餐都计划在星期六举行。事实上，我很惊讶人们竟没有直接给它改名叫“欢乐日”。（可能是故意这么做的，是为了避免与接下来那几天名称上不协调：欢乐日、星期日、星期一。）

星期日：很多人的礼拜日，大多数人的休息日。星期日很有声誉，是令人尊重、崇敬和颇受好评的一天。星期日常会准备丰盛午餐。如果每一天是硬币的话，星期日肯定是最值钱的那种。毕竟，它是七天中唯一的一天，其前三个字符（Sun，日、太阳）代表天体，其他的必须围绕它旋转。

因此，星期二除了是我们为那些政治家们投票的日子，它还有什么特别和独特之处吗？更别说我们也许还会为投出的票后悔不已。一个旅游网站声称，根据网站数据显示，上班族们似乎最喜欢在星期二幻想他们下一个节日或者假期。那个，本身就为星期二说明了很多。

当然，经常有选举人的超级星期二、历史上有名的黑色星期二和狂欢节的油腻星期二……但如果只是普通的星期二会怎样？它并没有属于本身的名誉，纯粹基于本身很普通的这个特质而带来的名誉。它甚至都不够格在工作日这个停车场获得一个像样的停车位——它的停车位可能在后面……树下……有鸟儿聚集的地方。

假设人的平均寿命七十岁到八十岁，那我们就有大约3900个星期二。照这样说，我用完了2444星期二，如果幸运的话，还剩下1456个星期二。（我现在在想，有多少位读者正在努力算出我的年龄……）

从现在起，我们应该对每一个星期二都有所期待，在星期二做一些特别的计划。我打算让我接下来的1456个星期二都值得纪念，去弥补被我忽略掉的2444个星期二，或者那些我在日历上打个×，数着时间过的星期二。事实上，如果能让我许一个愿望，我想把那所有的星期二都退回我的生命账号中……并且，抓住这个机会重新过一遍。

为什么不在今天许愿，希望不要再理所当然地对待另一个星期二呢？

善行

善行：帮助别人或无私地为别人的一天、一生或态度带去欢乐的行为。善行是为了别人好，口头上表达的，或者实际给予他人的善意、体贴和关心的小小举动。不管是计划好的还是自发的善意，我都称其为“善行”，而我，也因有机会去行善而感到快乐。真正的善行不求回报，不求赞誉、认可或者感激。

我们日常工作中有太多施以善意的机会。我内心已下意识地变成了一个瞭望塔，随时注意寻找有没有行善的机会。通过各种慈善途径向社会大量捐赠是值得赞赏的，那些小善行却也不能忽略，它们的价值无法估量，因为它们有能力通过小小的途径带来大大的改变。

行善会带来独特美妙的感觉。哈罗德·库什纳曾写道：“就像你身体里有个东西回应说，是的，这就是我应该要有的感觉。”一个温柔的微笑、善意的言辞、诚挚的赞美或倾听的耳朵就像是种下一颗种子，然后还能额外看到它瞬间绽放出的花朵。尽管善意的话语轻轻诉说，简短、甜美，但它们的回音在听者心中将会永远回荡。

大力宣传的盛大捐赠同样令人尊敬，值得瞩目，但真正的善意是无声的，往往还是秘而不宣的，也不求别人的赞誉。如果你需要观众来驱动你去行善，那么这就不算真正的利他主义行为，而是自负而已。最令人欣慰的善行是那些在无人注视时实施的——那些不以个人利益来衡量的善行，那些实施的时候带着满意的微笑，完成后随即走开的善行。

然而，为自己所施的善行感到骄傲并没有什么好羞愧的。因自己的善行而自我感觉良好并不会把这个无私的行为变成自私。当帮助别人时，请允许你自己去感受一些自豪和满足。只要行善的动机是纯粹的，那默默地因自己所做的事情而感到开心又有什么关系呢？如果去做一件真正的善事会强迫你给自己一个表扬，或者仅仅是无声的掌声，那就顺其自然吧。如果你所做的一切不过是为了在你的信用得分表上增加分数的话，只会削弱你体贴关怀的意图，也会贬低行善这个行为本身。

善行能打开心灵。面对悲伤、损失、痛苦或者恐惧，我们的心会做出反应，往往将心门紧闭。善良就是这把能打开心门的钥匙。当一个人的心灵重新变得包容和愿意付出，那内心的平和也将随之扩大并且持续繁荣。

友善是一种聋者能听见、盲人能看见的语言。

——马克·吐温

涟漪

当你扔一颗石子到一池平静的水中，会出现不断扩散的涟漪，一件善行的影响就像这个涟漪，远远超出了起源点，影响范围越来越大。仅仅你的一个善行，不论大小，就有可能激发别人行善，引起一连串的友好行为，而这些行为会将这一善行的链条继续加长，因为别人将他们自己的善行也与之连接起来。不论我们每个人行善的目的是什么，是为了他人的益处；为了我们自己的良知、心灵和灵魂；抑或为了确定我们的自我价值；也不论我们行善是否只是因为这些善事感觉是正确的；还是因为它们本身是正确的，多行善事能保持我们那颗体贴与怜悯之心。善行提高了我们的意识，让我们的心门更加宽阔，能给予别人更多。正因为一个人心门更加宽阔，能给予的更多，那么它能接收的空间也就越大。

至今为止，我对行善最为欣慰的一点，便是看到我小女儿偶然间做的一件事。我自豪地发现，我对行善的热爱已经通过情感渗透到了她的生活方式中。当时我们在经常光顾的一家杂货店里，一个年纪稍长的女士在我们前面排队，她的零钱包掉了。硬币撒满一地，一直到糖果货架下面，遍地都是。这位女士明显很苦恼地说："哎，看我笨手笨脚的！"但几秒之内，我那九岁的女儿便跪在地上帮她把每一枚能捡到的硬币都捡起来，还给她。她没有说一个字，谦逊地将那些钱还给了那位女士。很明显，那位女士被我孩子的即时反应给感动了，也给她留下了深刻的印象。往往，这些小小的举动可以让人微笑起来，照亮别人的一整天。

不论这些行为是慷慨的，还是英雄主义的，是无私的，抑或慈善的，行善能让你提升、使你微笑，也给了你机会，稍后去回顾它们，带来对自己感到满足的瞬间。

从今天开始，对待每个人，就好像
他们在今天午夜之前就将离开人世。把你所有的关爱、善良
和理解都赋予他们。不求
任何回报。那你的生活从此将会不一样。

——奥格·曼狄诺

Live Your Dash.

需要帮助的家庭

"需要帮助的家庭，"请阅读手写短笺，
"以上帝之名去给予。"
它就张贴在走廊
布告栏的正中间。

当礼拜者经过走廊，
在星期日的礼拜结束之后，

他们在这显眼的短笺之前驻足，仔细阅读，
面露担忧之情。

他们很多人在停车场相遇，
三两一群，
谈起需要帮助的家庭，
他们想知道都是哪些家庭。

这些家庭来这个教堂参加礼拜吗？
他们的境遇怎样？
只有牧师见过需要这样捐赠
的家庭？

交谈一会儿之后，他们回家了，
但已一致同意
会搜集一切他们可以搜集的
来帮助这些需要帮助的家庭。

牧师正坐在办公室里，
准备接受所捐赠的礼物，
然后他笔直地站起来，热情地问候
出现的第一个家庭。

那个小男孩走到桌旁，
手里拿着一个足球。
他说："这边裂开了一点点，
我已经用橡胶带补好了。"

然后他的小妹妹也走上前来：
“这条纽扣蕾丝裙
是外婆去年做的。”
她温柔地微笑着。

他们的父母则在桌上放下一盒罐头，
默默地走回去，站立一边。
“我们理解一无所有是什么滋味，
我们也想尽可能做点什么。”

牧师盯着桌上那些东西，
面带迷惑的微笑，
接着，他坐在桌前低下头，
简短地祷告起来。

“请保佑这个慷慨的家庭。”
他虔诚地请求上帝，
“因为他们就是那些贴在布告栏上
需要帮助的家庭。”

有点儿善良？

对我而言，“有点儿善良”就像“有点儿怀孕了”——是不可能的。你要么是善良的，要么就不是，非此即彼。然而，人可以学习怎样变得善良，如果他一开始就能确定善良是从他心底散发出来的。友善的举动并不经常等同于一颗善良的心。但是，时常行善，带着正确的初衷去行善，能帮助你变得更善良。有人认为施以善行能直接改善一个人的情感健康状况。已有研究表明行善对你的健康有好处，因为在做完一件善事之后，人往往能感觉到一种强烈的快感和平和。据说行善之时，内啡肽会随之释放，这个过程被称之为“帮助者的快感”。

当我醒来，看了一眼房间的地面，
阳光开始洒在上面……
然后，问我自己：“今天我会去触动谁的生命……
而谁又将触动我的生命？”

时间的礼物

在刚过去的假日季里，我信箱里收到了一封奇怪的问候卡。当我打开信封时，从里面掉出一张小纸片，形状特异。我捡起来一看，发现那是一只奇妙的小千纸鹤，一个折纸艺术手工品。我打开卡片，读着这个不寻常的小礼物后面的留言。寄信者写道，他一边折千纸鹤，想把它当作礼物送给我时，也一边为接下来一年我家人的健康和幸福默默祈祷了。做这个小礼物送给我，他花了十分钟或十五分钟的时间，这真正代表的是他自己的时间——他那专注于祝福我的时间。

他这一举动令我很感动，于是我决定明年寄出节日卡片时也执行这样相同的一个仪式。我不会匆忙地在卡片上签名，然后塞到信封里，我会让那些收信者知道，在写卡片的那段时间内，我只想着他们，并且祝福他们健康幸福。我将越过我们之间的距离，把自己的时间寄给他们。

我将那只千纸鹤保留下来了。现在它就骄傲地坐在我的桌上，时刻提醒着我，我能赠予别人最好的礼物，也是我曾收到的最好礼物：我自己，我的时间礼物。我们大多数人都听过一句老掉牙的说法："今天是一个礼物，那就是为什么我们称它为现在（英文 Present 有'现在'和'礼物'的意思）。"我不仅更多地将我这个礼物中的一部分送给别人，反过来在收到这样的礼物时，我也会有更深刻的领悟。

同情 VS 同理

尽管这两个词经常交换使用，但两者并不是同义词。其中意义的区别就如同可怜和理解两词的区别一样大。虽然两个词都表达一种感觉，同情指的是可怜或者怜悯，而同理代表一种通过想象自己也真正经历了别人的困境或窘况而得到的一种更深刻的理解，这是对痛苦的一种共享。他们说祸不单行，但是分享别人的忧伤却可真正减轻他们的负担，缓和他们的痛苦。这就相当于："我很抱歉你经受了那些痛苦" VS "你经受的痛苦我感同身受"。

同理心往往源自有过类似的经历，能够借鉴过去的情感。同情心是大多数人与生俱来的，而同理心却需要自愿地更进一步，需要我们更积极，投入更多的感情和非批判性的同情。

在我做母亲之前，看着那些不守规矩的孩子，我就奇怪，他们的父母为什么就不能让这些孩子们表现好点。那是……直到我有了一个固执的孩子之前的想法。之后我的看法开始改变了，我能更深地理解他们了。但往往我们遇到的人，他们所经历的困境是我们从未经受过的。在导读中我说过，一个好的演员为了能够演得逼真，会真正将自己放入需刻画的角色环境中去。我们可以用同样的方法来让自己对他人更富有同理心，而不是同情心。要立即在心中把自己当作一个演员，进入一个"角色"。为了提供我们最大的帮助，我们必须试图去感受别人正在感受的，从他们的角度去看事情。换言之，要试图感受他们的痛苦。

你可能会觉得奇怪，为什么有人希望试图经历或分享另一个人的不幸或者痛苦呢？从表面上看来，这样做似乎会使情况变得更加难以承受。我曾学过一个藏传佛教的概念叫作施受法。施行施受法，必须与另外一个人交换心理感受，去分享他的悲痛和你的平和。意图打开你怜悯的心门，增强你与他人境况之间的连通感。据说，施受法通过给予他人帮助，可以增强希望、减少自私、扩大慈爱，并创造更积极的能量。我们理解得越好，我们就越能感受一个人的境况，我们就能给予他更多——更多的帮助和更多的爱。

曾经有一个人也给了我很多，他就是我的一个好朋友，很不幸，最近他去世了。在他年轻的时候，因脊髓损伤，一只胳膊瘫痪了。他的家人和朋友都顺着他，几乎从不特别注意或谈论他那只残疾的手。残疾，成为曾经的他和当时的他的一部分。我能记起他唯一谈到自己胳膊的那次，是在开玩笑，想让别人都不再拘束："我发现，只有一个胳膊坐轮椅，唯一让我为难的是，我会不停地转圈。"在那个时候，我甚至都不知道自己该不该笑。

有时候，我会去观察，他是怎样单手完成生活中必要的一些事情的，怎样掌握这一技术的，观察他是怎样毫不费力地准备喝的东西，或者抱起他的女儿。那些年来我们成了好朋友；有一次，我觉得有必要以更有意义的方式，亲身经历他这个残疾的状况。我背着他，一连好几天一个胳膊上都挂一根临时绑带，白天晚上都戴着。我洗澡的时候，手也不能动，清理房间时笨手笨脚，单手做饭，我试图亲身体验他的窘境。那是我第一次积极尝试将同情转换为同理的经历。

最后，我把自己如何笨拙地"变成"他的经历告诉了他，虽然只是暂时性的。在得知我甚至能去尝试体验他的困境时，他深受感动。从那时起，我开始以一个不同的角度去看他。我更多地了解到他的勇敢和决心，也对他有了更深的敬意，而这些都是通过同理，而非同情达到的。此外，我意识到，我开始对他的成就有一种与以往不同的、真诚的崇拜。

就在这一分钟

不久前，我在一个包裹派送站等快递员帮我找一个包裹，我等待好几天了，这个包裹可能弄丢了。当时还有很多其他也遇到类似麻烦的客户在那里等着。正当我安静地等着，其他老主顾，虽然烦躁不安，也仍耐心等候时，突然一位女士夺门而入。她径直走到柜台，完全无视有其他人在排队等候，大声说道："我想知道那个骗子叫什么名字！"柜台后的职员被吓得目瞪口呆："女士，请问有什么事？"她回答："那个司机说，路上结冰，车子开不上我的私人车道。我要他的名字！我就从自己的车道开出来的。我就在这，不是吗？"那个可怜的年轻人唯一能做的就是结结巴巴地答道："哦，不过不是我啊！"她不依不饶，就像一只比特犬要吃带骨的牛排。继续唠叨抱怨，更多的是说要报复那个可怜的派送司机，而不是因为包裹没有派送到位。直到她达到了来这里的目的，拿到了这个倒霉的派送司机的名字，才停止抱怨，离开了。

当她那不断的抱怨慢慢在我脑中消散，我想的更多的是其他一些人——就在这一分钟内，那些在重症监护室握着爱人的手的那些人，他们为自己失去的人哀悼，他们爱这些人，胜过爱生活本身，或者祈祷不会看到穿着制服的士兵走上自家的车道，带着有关他们正在海外为国家效力的孩子和配偶的消息。当时，亚利桑那州图森市可怕的枪击事件发生还不到一周。我低下头，默默地想着，那些人会毫不犹豫，拿出他们的房子、他们所有的东西、他们的每一分钱，只为换得让一个找不到的包裹能成为他们主要关心的事情。

我开始对这个女士感到好奇：什么事情可以让她迷失自己的看法到这样的程度呢？怎样才可以让人意识到，他们需要优先考虑那些他们认为重要的事情呢？这不是要让人觉得，这位女士明显已经历的麻烦和损失不算什么，我试图想象，什么样的包裹也可以让我有这样的反应。我能想象，在与实际生活相比较时，没有什么东西可以有那么高的价值。当与那位科伦拜恩受害者的父母相比，与那些为在9·11事件中失去爱人而哀悼的父母相比，与那些走路需要靠假腿，或只剩下一只眼睛的服役人员相比，那个包裹盒子里还可能有什么东西有那么重要呢？

我希望自己能给那位女士施一些咒语，不管什么样的咒语都行，来改变她的态度、观点和价值观。然而，我也知道这不是我的责任。她目前的麻烦与其他人真正的困难相比根本不算什么，而要令她意识到这一点，需要更大的影响力，而不是一个诗人说几句话就可以了，当然也不是在那个快递中心与她开个短会就可以了。可能她必须得在自己生命中经历过大的损失之后，才能真正意识到，在她这短短一生中什么东西是珍贵的，什么东西才值得她花费这样的时间、情感和经历，她才能真正意识到什么东西不是这样的。

小小的善意谎言

我鼓励诚信，也使用认清事实这个方法，与此同时，我也强烈支持在正确的情况下使用小小的善意谎言。然而，我们一定不能把这些技巧性的谎言与欺骗混淆。欺骗包括了小道传闻、自我奖励性的夸张、虚假的奉承，以及当事实有可能开脱或冒犯别人时却沉默不言。

我认为偶尔的小小善意谎言并不会带来什么伤害。如果不是习惯性这样做，在某些情况下，没有善意谎言的帮助，后果会更糟。有一个简单的例子，那是我一个朋友进入“社交媒体”这个世界时。他学会了怎样发布并更新状态，分享那些失去却从未被忘记的朋友和家人的信息，几个月之后，他的生日临近了。有一天与他谈话时，他骄傲地说，有很多朋友和家人发信息给他，祝他生日快乐、幸福安康。我性子比较急，立即回答说：“嗯……你生日几天之前就把这个消息告诉了你所有的朋友。”至今我还在后悔，不应该这样。“哦，哦。我知道。”他这样回复了我。当时在那个特定场合，一个善意的谎言或者简单的一个认可的微笑可能更合适、更善解人意。为什么我当时会下意识地觉得告知他事实的真相是有必要的呢，为什么当时我没能认识到，因为朋友记得他这个特殊日子，他有多开心？那样回答对我又有什么好处？如果当时我仅仅只是沉默，撒一个小小的善意谎言又会带来什么伤害呢？

但偶尔那个善意的谎言会使你自己苦恼不已。我的父亲，曾好心地给我撒了一个善意的谎言，却最终令他后悔。在我还是小孩子时，我决定，用鸡蛋和吐司做早餐，给父亲一个惊喜。我不小心把蛋壳弄到炒鸡蛋里了，我太专注于挑蛋壳，因此没有注意到吐司机里冒烟了。我不小心把吐司烤焦了。这可不是那种在上面刮上点什么就能盖住的焦，而是整个吐司烤焦到甚至可以用它来填你行车道上的洞。

当然，作为一个五岁的孩子，我认为不管质量上缺失了什么都可以在表面上来弥补，于是我自作聪明地从前面院子采了一些新鲜的蒲公英作为配饰，富有策略地把蒲公英放在餐盘另一边，突出它，想吸引他的注意力，他就注意不到旁边那一堆我试图将其掩饰为吐司的烤炭了。

我端着餐盘走进父亲的卧室，然后站在他床边，等着——我希望是——他看到我如此贴心的举动，看到我准备的美味早餐，那又惊喜又开心的反应。然而，让我失望的是，我注意到，他的眼神立即转移到烤焦的吐司上，那时我就知道了，我的伪装计划失败了。我害怕让他失望，于是说道："爸比，不好意思。我知道我把吐司烤焦了。"而他的回答至今令我不会忘记："没事儿，宝贝。爸比就喜欢这样的吐司！"

接着我十分开心地看着他似乎很享受地吃光了那一堆吐司，连黑面包屑都没剩下。那一刻，我父亲做了一个决定。他本来可能会伤了他宝贝女儿的心，或者可以选择忽略这件"小事"。毕竟，只不过是一片吐司而已。

然而，几年之后，我和弟弟在厨房准备星期日的早餐时，父亲走了进来。吐司一弹出来，我弟弟就把它拿出来准备在上面抹黄油。我从他手中把吐司一把夺过，又放进了吐司机，按下操作杆。弟弟对我说："你到底在干嘛？吐司会烤焦的！"我回答道："没关系。爸爸喜欢吃烤焦的！"直到今天，我都想知道父亲因为我到底吃了多少烤焦的吐司，但他对此从未说过一句话。

有些人在交流时，喜欢用更加直接的方式，很多时候，比起善意的谎言来说，他们更喜欢说实话。比如说，我结婚那天，参加婚礼的人都走到新娘（我）面前，嘴里说着那些美好、夸张、善意的好话。"你的裙子真好看。""你头发真漂亮。""头纱美极了。"然后我那在田纳西州长大的嫂子，她很亲切，走到我面前，带着她那美丽、温暖的微笑。盯着我的眼睛，指着我上嘴唇，优雅地慢吞吞惊叫起来："你那里出汗啦！"（我记得我当时只希望她要排在队伍的第一个就好了。）

我们怎么知道什么时候应该说实话，什么时候要说善意的谎言呢？这个取决于当时的特定情况、牵涉的人，以及你对他的应对机制的理解。可能对我来说，相信我们开车时躺在路上的动物不是在睡觉，可能还更好一些。又可能不是……

今天为了善良我扭曲了真相，而我无怨无悔，
因为我深信善良比真相更重要。
——罗伯特·布洛尔特

回旋镖

我听过别人使用下面这个短语："把爱传出去。"社会学中这个概念被称为"广义互惠"。为了自己能更容易理解这个概念，并将其运用到我的生活中来，我将其加以简化。基于简单的一个信念"善有善报，恶有恶报"，我给它起了个小绰号："回旋镖"。

回旋镖理论背后的基本原理是源自因缘和命运的一个相同基本原则，即我们创造属于自己的能量流。我们付出什么，就会得到什么。我们播种什么，就会收获什么。要相信，积极的行为会带来积极的反响。我一直相信，你帮助别人，同样别人也会帮助你。当好事发生在你身上时，如果你认为这是巧合，而不是一种报答，你为什么会如此坚信呢？

Live Your Dash.
回旋镖

有人把它叫作因果报应，

但我明白一件事，
生命中我们只会收获
我们播种的东西。

当你做一件善事，
它不可能永远没有回报，
因为总会有那么一次，
你俩会再次相聚。

我们同享当下的生活，
与彼此共享同一个世界，
每一次帮助他们时，
我们也在帮助自己。

就像无边无际的海浪
不间断地卷到海岸上；
抑或如同一张旋转门
那可以预测的旋转路径……

或者像唱不完的押韵的歌儿，
童年的你曾吟唱过，
在生命中你曾做过什么，都将回报在你身上
……正如回旋镖一般。

邻家的草更绿

当在我小学时，学校嘉年华来了一个小丑。她穿了一件硕大的戏服，风一吹就鼓起来了。她袍子上缝了很多口袋，每一个口袋里都准备了一个惊喜。每个人只允许选一次，挑选一个口袋，奖品可以自己挑。那些小装饰品并不值钱，但这也没关系。重要的是那种探索未知的激动。很多时候，别的小孩检查完我的玩具之后，就会走上前给我看他选择的奖品是什么。不管那个奖品是什么，我清清楚楚地记得那种感觉：“哦，为什么我没选那个口袋。可能她还会让我再试一次……”我甩不掉那种失望的感觉，也无法消除对自己未选择的那条路的好奇心。

好奇心与不确定性两者相结合，就带来了“篱笆那边邻家的草总是更绿一些”的感觉，所以我们很多人一直都认为“那里”还有更好的选择。而往往，渴望得到的“东西”只是理论上比实际更加吸引人而已。只要我们真正得到了自己认为更好的东西，就可以看到它好坏的两面。它不再是“新”东西，那种追求的刺激也一去不复返。但不幸的是，有时候我们必须失去已拥有的，才能意识到它对我们真正意味着什么。

在大自然中我也曾见过“邻家的草更绿”这种情况。比如说，奶牛会走过一大片繁茂的草地，费力地把头伸过装满倒钩的铁丝网，去尝尝另一边草的味道。那头的草肯定更好吃，因为它没那么容易就可以吃到，是被禁止吃的。要想吃到那草，花的精力越多，它就越充满吸引力，显然，也更符合牛的口味。我的猫在吃东西时，会在猫粮袋子的角上咬个洞，而那个袋子装的猫粮和她碗里的其实是一样的。对它而言，袋子里的肯定比她拥有的要好吃，因为袋子里的没那么容易可以吃到。

为了战胜“邻家的草更绿”这个症状，我们需要专注的不是过去，也并非未来，而是现在。如果我们一直认为有机会找到“更好的”，就会冒着浪费今天我们手上抓住的机会的风险。下次你认为别人的东西比自己的要更好时，想想还有多少人与你有同样的想法。当我们太过专注我们没有的东西时，我们的眼睛就看不到眼前已拥有的东西。

如果你真的认为篱笆那头的草比你家的草更绿，不要想着去与邻居交换或者改变，相反，你可能需要学着去给你这边的草坪施施肥了。如果能合理地照看草坪，并且去欣赏它，那么它的每一寸草都有可能如你羡慕、希望的那样翠绿。一旦你更加珍惜你现在所拥有的——你的工作、你的配偶、你生命中的恩赐，你想搬到更绿的草坪上的想法，不管这个更绿的草坪代表着什么，你的搬迁癖都会慢慢减弱。

有一天，我走进自己办卡银行的一个当地支行，我在这里存钱超过十五年了。走进去就看到一则有奖问答的通知，我感到很好奇，上面说了免费赠送演唱会门票的细节信息，那是我最喜欢的乐队。我走近时，看到一行很小的斜体字：仅限新办卡用户。我立马很失望，而且觉得自己没有受到重视。这个概念完全弄反了。这些礼物应该送给那些选择了这家银行服务的客户，并且年复一年如此忠实的客户，而不是给那些只因为受到奖品的诱惑而选择这家银行的客户，他们并不是说更喜欢这家银行的声誉和服务才做此选择的。我产生了关掉目前的银行账户的想法，以表示气愤，再重新开一个新账户，这样就可以享受那张晚上免费入场的演唱会门票了。

我终于找到一处比篱笆那头更绿的草坪，
只是我已垂垂老矣，爬不过那道篱笆了。
——匿名

新

为什么新的东西和那些我们没有经历过的东西如此诱人？是什么让

我们觉得扔掉那些可靠的、真实的东西，我们的生命会因此提升很多，以至于我们都愿意冒险追逐新鲜的事物？为什么我们要花很长的时间才能意识到新的事物并不会更好，它们只不过是转瞬即逝的暂时性满足？

去年，我骄傲地拥有了一条非常有灵性的狗。我翻阅了一本书，想了解更多有关这条聪明的狗的信息，书上建议我给它各种各样的玩具，让它的大脑每天都不停下来，保持活跃，这样它就不会感到无聊。专家建议我们准备两套或更多套玩具，每隔一个月或者一个半月就把它们换掉；这意味着我的狗有一段时间看不到同一种玩具，那段时间之后，这种玩具会再次变“新”，那么对它而言又是新的刺激了。对那些每天都可以接触到的玩具，它已习以为常，不再给它提供兴奋刺激感了。

我们也这样纵容自己。我们纵容自己让生命中当下出现的恩赐变得普通，随后忽略它们。我们纵容熟悉带来不满。一旦新车的气味散去，我们就准备换车。一旦我们获得了一件以为能满足自己的东西，我们就开始寻找下一个。我们被误导了，认为我们每获得一件事物，就是在幸福阶梯上往上爬了一个台阶。如果我们能训练自己，让自己看到已经拥有的东西的内在价值，我们就可以通过更好地控制我们的感知需求，而更好地掌控自己的生活。

我从一个人身上学到了宝贵的一课，他刚好也那样做了。新婚第一年，我想用一个贴心的特别礼物来给我公公留下一个好印象。他看起来是一个强壮、固执的南方男人，起初看到他我就害怕，但很快我就知道他是一位善良、节俭的绅士，从不认为什么事情是理所当然的，他会真心感激每一天生活给他的恩赐。他相信辛勤工作、诚实、健康生活方式能够带他去往天堂，他也一直这样生活着。

前几次拜访中，我不禁注意到，他去照料自己那又大又繁茂的花园时，总会穿着一套沾满油渍、破损不堪的连体工作服。那时候，作为一位年轻的女士，我立即认为那件工作服是别人穿过的，已经旧了，而且必须立即换掉——那可是买一件完美礼物的完美机会。毕竟，我知道他永远也不会给自己去买一套新的。

在圣诞节前，我和丈夫带着礼物回家了。我找了我能找到的一套最贵的连体工作服，买了下来，那是一套隔热、耐火、双线缝合、松紧腰、保暖、最先进的连体工作服。如果奇特可以用来形容一套工作服的话，我就会选这个词来形容这套衣服。我期待看到他打开礼物时脸上那开心的表情。我知道，他也会认为那套工作服正是他想要的！

我们坐在沙发上，看着他打开礼物。我永远忘不了他转过来头来脸上那困惑的表情，他真诚地问道："这套衣服是干什么用的？"我丈夫充满敬意地回答："换掉你那套穿坏了的工作服。""我为什么要换掉呢？"他反问道，然后接着说，"我现在穿的那套刚刚好。"我意识到他当时心里很内疚，因为知道我在他认为没有必要的地方花了钱。在这种情况下，他就不认为新的就是更好的。更好的东西是他已拥有的东西，是那些能用得上的东西，还有那些完全还能用的东西。他当时拥有的东西就是他想要的东西，就是他用得很好的东西，也是他喜欢的东西。

东西究竟可以"新"多久呢？新这个字无疑是广告中用得最频繁的。新是迷人的。新是有魅力的。新是鲜活的。新也是革新。新后面通常带着感叹号！新能获取注意力，这是一个不争的事实。但是，新的保质期是多久呢？什么时候用新这个词，严格意义上来说会不正确呢？有一天我听到当地一个广播电台在夸耀自己的新电台。我知道那个电台开播至少有一年了，但他们还在用新这个词，因为当今世界，新就等同于利润。产品会做一些微小的改变或者改进，哪怕有可能永远不会被发现，他们也会这样做，只因为，这样做的话，厂商就能在广告词中加入新这个词。

不满足于已拥有的人，也不会满足于自己的欲望。

——苏格拉底

Live Your Dash.

再多一天

今天……这个宝贵、美妙的礼物
赐予了我……免费！
同时，不管我选择怎样度过它
完全取决于我。

我可以浪费给我的这些小时，
将每一个任务视作繁琐，
在我的日历上把它划掉，
正如我之前经常做的那样。

我可以忽略那盛开的花朵，
我也可以无视太阳温暖的光芒，
在它一如既往地再次升起之前
将我白日的礼物留到黑夜。

我可以沉浸在我所犯的错误中，
遗憾地流下泪水，
从此活在自己
焦虑和恐惧的阴影中。

或者，我可以找到一个解决办法，
在另一天即将过去之前，
我将尽情享受它

……犹如它是我活着的最后一天。

然后我会觉醒，
放下我的焦虑、我的悲伤，
接受再多一天，带着爱和欢笑度过这一天，
尽管明天无法保证。

我将停下来，去闻那些花儿的芬芳，
当它们的香味充满我的嗅觉时，
我发誓要埋葬那些焦虑、
恐惧与防卫。

我将陶醉在甜美的阳光中，
它轻轻地温暖着我的肌肤，
让它的光线慢慢
从内照耀我的心灵。

与陌生人擦肩而过，
我定会给他一个温柔的微笑，
因为这一天，我们生命在这一刻共享
……哪怕只有那么一瞬间。

每一个夜晚，当我躺下，
只为再次醒来……我将祈祷
如果我祈祷，我将感谢上帝，
感谢它赠予我“再多一天”。

ON 关于压力 STRESS

问题等级

去年我意外进了急诊室。当时我试图把一盒假日装饰品抱下楼，那盒子的高度刚好挡住了我的视线，我看不到脚下的阶梯，所以就摔下来了。我躺在楼梯最下面那一级阶梯动弹不得的时候，我不禁听到我父亲在说："如果你不能再聪明点的话，那么你最好坚强点！"那些话一直在我脑袋里回响。

那天晚上，我坐在白色帘子后自怨自艾，医院常常到最后才告诉你，你的指定诊断医生是谁。当时护士要我按照从 1 级到 10 级来评估自己当时的疼痛等级。我第一反应就是，嘿，我可不是为了这个测试才上的学！我迟疑了一下，回答了这个"拉契特护士"（我说的那个"我现在知道为什么称它为实木地板"的笑话遭到她鄙视之后，我亲切地给她取了这个绰号）。毕竟，我还是想诚实地把自己的不适程度做一个简单的评估，然后告诉她。然而，当我去评估自己情况的严重程度时，我意识到，我并没有像自己当时心态所暗示的那样痛苦。当然，我肯定是挺烦闷的，因为那天晚上我安排了那么多东西要完成！但是，拉契特护士并没有问我的烦闷等级，不是吗？当然，我是被激怒了，但她也没有要我只盯着那个恼怒等级卡看，不是吗？她只要我评估一下自己的疼痛等级。当我将她句子的真正主语找出来之后，我突然意识到，尽管我受伤的地方确实需要治疗，但它的疼痛程度与我采取的消极心态并不相匹配。

我总是在追寻自我完善的机会，于是我把这个事件转化了，变成是怎样理解生命中经常出现的那些痛苦与磨难的。我对自己说："你好，自己。如果我要用一个假设的问题等级来评定自己的问题的严重程度，类似于医院用的疼痛等级，该怎么办？"（我认为，在某种程度上，看到或听到某人的境况比我们自己还要严重时，我们都这样做过。）如果在问题出现时，我们先不要急着给出反应，而是真正将其按照问题等级来进行评估一番，会怎样？

我曾读过，我们大多数问题的症结就在于，我们会对一个给定的问题做出反应（或过度反应），而不是针对问题本身。此外，如果仅仅只看每一个困难的核心，不带我们自己的反应或者感情，往往我们能立即将问题等级从感知的10或者9级……降到5级或者更低，或者把它从危机降为困境。

我不是建议自己根本就不要担心，因为担心没有意义。生命确实会制造一些让我焦躁、哭泣、痛苦，有时又惊慌失措的情况。对于自己天生的情感，我无能为力。但，我正在学习怎样将一些情况区分开来，有些情况下我的焦躁和担心只会加剧我的困境，因此最终只会消极地影响到我。

让我们也自娱自乐一番，想象一下我们会怎样使用“问题等级”评定我们所处恶劣环境的严重程度，以此来决定我们应该以怎样的反应和态度来对待每个环境。

PSL=问题等级水平

- PSL=10：危机——不仅仅是一个考验。同义词：紧急情况、灾难、灾害，可能包含担忧、眼泪，往往还有快速的心悸。如果你的问题真正能归类为等级10，那么你可以给自己开绿灯，自由进入烦恼和焦躁相结合的模式。对此最合适的格言便是：“没有打倒我们的只会让我们更坚强。”
- PSL=9：考验——不足以被称为危机，但比困境要严重一些。同义词：磨炼、折磨、磨难，可能包含压力、紧张，以及给满脑子都是建议的父母、家人或者高级将领（如果有的话）打一通漫长的电话。对此最合适的格言便是：“路上的转弯处不是路的终点，除非你没有转弯。”

- PSL=8：困境——比考验程度轻一些，比厄运程度深一些。同义词：紧要关头、僵局，可能包含担心、晚上睡不着，和/或来自至少四个好朋友的指点。对此最合适的格言便是："这，也会过去。"
- PSL=7：厄运——比困境程度轻一些，比窘境程度深一些。同义词：意外、倒霉，这类问题可能要牵涉到地方辩护律师。对此最合适的格言便是："风平浪静的大海锻造不出熟练的水手。"
- PSL=6：窘境——比厄运程度轻一些，比左右为难程度深一些。同义词：混乱、麻烦、困难，没有一个清晰、简单的出路。对此最合适的格言便是："直面困难。"
- PSL=5：左右为难——比窘境程度轻一些，比挫折程度深一些。同义词：受控、折腾、棘手的情况，必须要做出一个（一些）决定，往往包括详细的赞成 VS 反对表。对此最合适的格言便是："唯一能确定的就是没有什么是确定的。"
- PSL=4 或者更低：挫折——同义词：暂时性困难、障碍、干扰，"需要很少或者根本不需要做出反应"。

等级水平为 4 或者更低的问题往往分为下面三类：

- 那些已经发生的，目前并不真正重要，也不会有什么影响的事情；
- 那些可能或者永远也不可能发生的事情；
- 那些已经发生的，目前确实重要，但是除非你有一个时光机器，否则无力回天的事情。

奥里弗·哥德史密斯曾说："一个重大的灾难之源在于遗憾和期待，因此，睿智的人只会考虑当下，不去想过往和未来。"

我猜想，如果认真去评估，我生活中 80%的"问题"只能被评为问题等级水平 4 或者更低。我发现，通过运用问题等式的减法艺术，减去我那些不必要的烦恼、担心和焦虑，我可以真正降低问题的等级。评定我对每种情况的现实所做出的反应（通过使用我假设的问题等级表精确评估每一个情况）能使我的反应更合适。

因此，下次生活再给你机会让你以三个“不”——不耐烦、不冷静和不理智——做出反应时，试着用你的问题等级表去测量一下那个问题。使用这个表需要把自我意识和真相结合起来，它也许能帮到你，让你更加积极地应对恶劣环境。你将发现，大量你称之为“问题”的问题，如果忽略它们，而不是将其归到“问题”一类，其实它们都不足以被称之为“问题”。

清晨咒语

你有没有经历过，早上听着收音机里一首歌醒来，然后一整天脑子里都是那首歌的旋律？你会发现去上班的路上也在哼那首歌的曲调。你会低声唱着那首歌的歌词。这首歌可能会一直萦绕在你脑海，直到第二天。为什么？因为当你那天早上醒来时，你的大脑是清醒的，还没有被当天必须马上履行的职责填满。它刚好处于睡眠和清醒之间的模糊地带。它就像一张白纸，而那首歌就抓住这个机会，给那些还未进入工作状态的脑细胞进行了催眠。我听说早上吃水果最有效，因为空腹，所以能够最有效地吸收水果的营养。同样，这理论也适应于大脑；这自有其道理。

按照那些建议来做的话，为什么不把那段特殊的时间专注在一些简单、积极的信息上呢，这样就能帮助你一整天都保持知足常乐的心态，帮助你很好地控制自己，并且开心地度过那一天啊？我指的是将个人的清晨咒语重复读出来。我为自己写下了一个清晨咒语，但是你可以写下任何你认为能给自己带去自信、勇气和稳定情绪的咒语，帮助你面对新的一天可能带来的任何挑战。咒语应每周或者每天换一次，或者，变换的频率可以依你的行程和环境而定。我的咒语用了好几个月了，对我很有效。每天早上喝咖啡的前十五分钟，我会重复这个咒语，因为那个时候我的大脑运作速度类似于一条慢慢蠕动的毛毛虫。那是利用我脑细胞的最佳时机，因为之后它们就要开启多任务处理的状态了。

我之所以会经常使用我的清晨咒语，是因为，这样我早上可以带着满满的正能量醒来，面对接下来的一天。然而，一旦我被堵在路上、要去工作、去查看电子邮件和语音邮件时，在受到被称为工作安排的工作黑洞的轰炸时，我那非常豁达的心态将骤然下跌，比跷跷板胖孩子那一头往下掉的速度还要快。我想要设计出一种方法，能把自己切换到几小时之前醒来时的那种积极、快乐、没什么不对劲的状态。

为了帮助重新创造并且保持那些积极的感觉，我创作了一个清晨咒语，强烈推荐你们也这样做。我的咒语，当然，是一些韵律诗，因为那是我在行的。你的咒语不必要非得押韵，但如果你想让它容易记的话，建议使用重复、一致或压头韵的语句。

你的咒语可以有不同的作用。我的仅仅是为了帮助我在一天内保持(或者插入）一个积极的态度。你的咒语可以是为了帮你再次确认要坚持的特定信仰、帮你控制对消极事件的反应，或帮你面对那天发生的日常事务或者发生意外事件时能保持内心的平和。

Live Your Dash.

我将（咒语）

我将选择怎样继续这一天，
无论遇到什么事情。
当下的时间，我只能活一次：
每一分钟、每一小时、每一天。

在逆境中我将微笑度过，
忽略那些恶意，
放下那些刁难和卑鄙，
因为今日，将一去不复返。

我将听取建设性的意见，
尽管它们看起来是在批评我；
那些不友善和侮辱，

我将强迫自己不去在乎。

我将完成一件又一件善举，
用我自己特殊的方式，
不仅仅是为他人，
也因为它们能让我微笑。

现在我的心灵和灵魂都已满足；
生命的恩赐已溢出，
如果这些情绪被放任流逝，
我将是那个唯一被谴责的人。

随时待命

他很瘦，同样也很脆弱。他躺在那儿，一小时又一小时，就在他不耐烦地等着永远离开我们的那一刻到来时，那长长的、苍白的手指还紧紧抓着无绳电话的听筒。他快要走了，却还随时待命。

我父亲既不是护理人员也不是消防员。他既不是心脏外科医师，也不是随时准备接听即将生产的母亲那近乎发狂的电话的产科医师。然而，他脆弱的手中握着那个电话，似乎它代表着一根生命线，连通着自己与这个即将离开的世界。为了把电话铃声关掉，我等到他安静地睡着时，试图轻轻地从他紧握的手中拿出电话，他却突然醒过来，生气地从我手中夺回电话。我惊呆了，站在那儿说不出话来。当时的他，不用尽全力根本说不出话，没人服侍也走不了路，不能吃固体食物，或者没戴眼镜看不见东西；但他就抓着这个东西，好似握住一把纯金。

我恭恭敬敬地问他，在那种情况下他究竟为什么要时刻拿着电话。他用几个字简单地回答我说："也许有人会需要我。"

我父亲对他的家人和朋友一直随时待命，真正随时待命。我从来都不知道，有谁在需要他帮助、指导或援助时，他没有立即给予回复的。他活着的每一小时就像在等待一定程度的灾难随时会发生。谁见到他都会明显察觉出来，他往往行事紧张匆忙。虽然他也十分享受自己的生活和家庭，但他所承受的那种自我诱导的压力，偶尔会从他那开朗的绿眼睛中闪现出来。

尽管父亲给我的生活构造了一个可靠的安全网，我随时随地可以自由掉落在上面，但直到这张网没了，我才意识到摔在地上有多疼。尽管他的意图诚挚，我也很感激，但我意识到，他在我摔倒落地之前就接住我的这一行为，却阻挡了我去学会怎样从一开始就防止自己不会摔倒。

父亲走后几年的时间里，我下意识地在遵循与父亲同样的模式，我为我爱的人搭起一个稳固的安全网，生活中我随时待命，每一天每一小时都预先准备好，他们会需要我。因此，许多年里我一刻都未曾宁静，因为我认为事情都是瞬息万变的，这种感觉让我片刻都不得安宁。我开车、洗澡，或者工作哪怕只有一小时，思维都不能完全保持清晰，注意力也不能完全集中，因为我随时都准备答应任何可能的请求或要求。我一直认为“有人可能需要我”，那种感觉的火焰也一直没能扑灭。

后来我才意识我患上了随时待命的症状。经过我个人的观察，我承认自己其实一直在期待不幸的发生，而要扭转这种不幸，我坚信需要我(只有我) 的帮助。我随时给予我快速的帮助和支持，基于这一前提，我建立起了自己的人际关系网。我说服自己，我的家人和朋友生活中的难题如果要解决，我就是缺失的那一块拼图。似乎我生活中的任何人，除了我自己，他们提出的要求我都能随时做出回应。发达的科技使得这一情况更加严重。有了手机、短信和电子邮件，今时今日，别人的需求可以从不同的方向如箭一般对准他们的目标：你的时间，射过来。

我只能去学习怎样把可靠——就是说，在我心中，第一时间能为我的孩子、丈夫和老板效力——和给自己留出时间，为自己服务结合起来。以随时待命的方式活着，这意味着我的时间首先是给别人的，如果还有剩余，那么才可以毫无愧疚地留给自己支配。为了获得内心的平静，我不得不去找寻并且保持一种健康程度的自私。

在父亲生病前几年，我会因为哥哥在冰箱里乱放东西而斥责这个至今未再婚的男人。我们都在冰箱最上面一格的中间画了一条虚拟的“线”。我回想起化学课中的“置换”，根据它的定义 (化合物中将一个原子或分子替换另一个原子或分子时产生的反应)，放进来的新鲜、易腐烂的食品会把“线后面的”、已在冰箱里放了一段时间的食品继续往后面推。那些经常来拜访的人，没有一个有勇气冒险到这个禁区拿东西吃，不管他有多饿。

当以随时待命的方式生活时，我们是在训练自己，把自己的需求推到线后面，牺牲我们自己的需要和自己希望得到的东西，来满足别人持续的需求。

你是不是也这样对待自己的需求？你老板、配偶、孩子和其他人的需求和要求会把你自己的需求推到“线后面”，被人忽视，无人照料吗？把自己的需求置于其他所有人需求之后，这种无私的生活方式是令人钦佩的，毫无疑问，这是人们试图在“好”父母、“好”朋友、“好”配偶或“好”员工身上找到的一种品质。然而，首先不考虑自己的需求却是一种不健康的行为，往往会带来不必要的压力。再者，因为我们每一天生活中都为别人随时待命，我们会假定别人也会这样对我们，而当他们没有这样做时，尽管我们会说服自己，这没什么大不了，但还是会带来怨恨。他们不给予我们对等待遇的行为，令我们感到受伤，这个事情本身会不断恶化，最终演变成额外的压力。可以证明，不允许自己首先去考虑别人的需求是一个很大的压力诱导剂。

压力能导致头痛、消化不良和大量的其他疾病，尽管它往往不需要为后者负责。自我牺牲导致压力的产生，最终的结果便是，你牺牲的比你预期投入的还要大。找到一种健康程度的自私能够减少生理上和心理上的压力，因此能造就一个更健康、更快乐的你。

当你感觉更快乐、更积极、更少压力时，你可以给予他人更多，这并非没有道理。你给予别人的量可能减少了，但你给予的质将翻倍地提升，所以发挥属于自己的所有潜能，实际是在提升你对他人付出的质量。如果你是最好的自己，那么你才能给别人最好的你。你欠自己一个最好的你；你欠他们一个最好的你。

因此，飞机乘务人员会要求，在紧急情况下，自己先戴上氧气面罩，再去帮助小孩和别人，这是有原因的。真正去实施一种健康的自私，在照顾别人的需要之前，先满足自己的需求，这样你才能够保证你能给别人最好的自己。

我并不是建议，任何父母、朋友、配偶或者员工在别人需要帮助的时候不做丝毫反应，或者让人觉得不可靠。现在我告诉大家的就是，把自己放在第一位，能够使你变得更有能力，更愿意付出时间、经历和生命，去满足别人的需求和需要。找寻一种健康的自私能给你带去自由——不再受到随时待命症状的困扰、不再受到自己良心的审判、不再觉得内疚。我曾读过，如果发现四个人只有三块馅饼时，母亲就是那个立即声明自己从不喜欢吃馅饼的人。这实在令人钦佩，但是你没有必要变成整个世界的母亲。你对自己很重要。

史蒂夫·罗兰·普利方坦曾说：“对于任何事都不尽力去做就是在浪费你的才能。”

停止继续期待那有可能永远不会发生的坏事，要知道，你不可能以一种为了他人而随时待命的模式度过生命中的每一小时，这样一来，你就可以在心中关掉那个随时待命的按钮。将自己生活中的需求放在第一位，如此你才能造就最好的自己，你才能给予别人最好的你。

生活的噪音

尽管电闪雷鸣过去了，房子上空还徘徊着暴风雨过后的乌云，结果突然停电了。我们每个人在房间各自的位置呆住了，我们意识到不得不停下手头上正在做的事情。至于停多久呢？没人知道。房间里黑漆漆的，所以我用手机的光照着前面的路，走下楼。到了楼下，我那十几岁的女儿紧张地迎了上来。她当时正在从一个房间跑到另一个房间不断地按开关，似乎走廊灯不亮，餐厅的灯会亮似的。突然我想到，我应该多带她去露营的。

我一边冷静地找打火机、蜡烛和手电筒，一边听着她表达自己看到我们，作为一个家庭，应该对“这种”情况有所准备却毫无准备时的失望。我自己，作为一个习惯成自然的人，也曾无数次徒劳地按那些开关，我跟着自己的直觉在黑暗中找到充满电的笔记本。我打开电脑，电脑发出的光就像夜晚的灯塔，照亮整个键盘。我发誓，我似乎听到它背后响起了天使般的音乐，在那一瞬间我似乎看到一个金色的光环围绕着桌上它那骄傲的身影……，目前它是整栋房子唯一可以运行的电器。

我安静地坐在椅子里，在黑暗中打字。打得越多，我对当前的状况思考得越深入。我纵容自己太依赖生活中这些小小的东西，每天我都认为它们理所当然，而它们现在却很奢侈，当我意识到这一点时，开始有了各种各样的想法。除了敲击键盘的声音，我听不到任何声音。在黑暗中，我能感受到一种震耳欲聋的安静，这种安静几乎在召唤我、挑战我，要我深入自己的内心。没了电视机那单调的声音，我盯着烛光的灯芯，茫然但若有所思。在我盯着它时，我更加觉得我被逼着……深入内心……那个地方是我思想和记忆的避难所，它们在那里受到了安全的保护。新的想法、深刻的主意开始开出花朵，已消逝的记忆又在脑海中来回飘荡。我打字速度很快，大脑自愿、自由地展示给我看的东西在电脑屏幕上飞快显示出来，一个字母接着一个字母，一个词接着一个词，好像它一直在等待着这个机会。

我短暂地停了一会儿，走到窗边，凝视着窗外漆黑的一片。那天晚上，在那一片沉静中，我试图回想起上一次我独自一人，沉默不语是什么时候。一开始，整个环境让我不安。毕竟，那个环境我并不熟悉。它就像是自己出乎意料地突然与环境临时结婚了。这是一种强制性的冥想。

我悲伤地发现，在我的世界里，每天我都被包围在内的世界，充斥着太多的噪音——生活的噪音。伴随着这种沉默，在最初的适应过程之后，很快我就慢慢地平静下来，很快便掌握了一种新的专注能力。我问自己，我是如何让自己的世界被那不再需要的琐碎和混乱挤得满满的？我是如何让自己在处理那些沉默的时刻时变得如此老练？更重要的是，是否我已忘记了这一切是如何发生的？

我是否变得离不开生活中的那些噪音，以至于我都忘记怎样清空脑袋，听听自己的想法了？我会让自己的心重回到有小孩满房间跑之前的时光；重回到互联网出现之前的时光；重回到电话和传真机出现之前的时光吗？我能这样做吗？那时，太阳的光线洒在一本悬疑小说上就足以作为一个天然的减压器。然后，我诚实地问自己："这种沉默，你又能忍受多久呢？"

突然来电了，我被吓了一跳。令我惊讶的是，我对此心中略有不快，它粗鲁地打断了属于我的宁静。电流涌过整栋房子，给所有的灯泡和电器通了电。来电了，随之也给真正的平静和安宁带来了它们的终极对手——科技。我悲伤地与那晚道别了……那晚我与自己共享的静谧时刻。

尽管在那之前，停电也时有发生，但是那晚发生的特别事情是我记得最清楚的一次，因为它给我的生命带去了一种全新的意识水平。部分因为那几小时让我意识到，我有必要去找寻更多机会，让自己能独享安静的时刻，这样就给那不断变长的混沌之链永久地打一个结。我有必要抽出更多的时间与自己独处。我已经让沉默和宁静慢慢地从我生活中溜走，只留下我还未意识到的空虚，而这个空虚必须要被填满。我不知不觉就让“自己”在复杂的生活中迷失了、扭曲了、困惑了，如同暴风中的一根羽毛。

沉默本身就是一根无缝的管子，
通过它我们就能够畅通无阻地触及那些思想、想法和记忆。
它们被噪音无情地压制着……
那些生活的噪音。

寂寞 VS 独处

寂寞与独处虽然经常互相交换使用，但两者却有各自独特的定义。独处是“独自一人时找寻宁静的行为”。寂寞是“遭受独处所带来的痛苦”。尽管独处对一些人来说可能与“寂寞”等同，但你没有独处时，你也会感到寂寞，就像你在茫茫人群中却感觉寂寞是一样的。独处往往难以捉摸，寂寞则不是如此。与寂寞不同，独处往往需要事先计划好，是预期的，人们所追求、渴望的。独处时的你才是真的你，要真正了解自己，最有效的方法便是通过反思、反省和自我成长。

当你意识到独处并不意味着寂寞的那一刻，你便可以从独处中获取力量，得到益处。安静的时刻能给你机会去主动倾听，而不仅仅是被动收听。它们带来的平静能自我补充、自我更新、自我再生。停止喋喋不休能在你脑中留出更多的空间，让思维漫游。内心的平和源自内在的安静。独处几次之后，你会经常有一些新的看法和更加积极的态度。你将成功地建立一份长存的友谊——与你自己。

你能安静地坐着吗？
你能找到一个安静的地方吗？
在你那纷扰从不停歇的世界，有这样一个地方吗？

简单的城市

我最年长的哥哥说过，在他生命中更苦恼的时期，他都想把自己的大脑拿出来，冲洗一遍。我经常认为，至少理论上来说，我就可以那样做；为了能看得更清楚、留出更多的空间，把事情简单化，我就把那些不必要的混乱和生活中不重要的数据都清洗掉。那些不重要的东西，我纵容它们在我脑海中占据太大的比重了，最后一次坐飞机时，我带了这么多情感包袱上飞机，而航空公司居然没有向我收行李超重费，这让我感到很惊讶。

我确信，生活中那些无关重要的事情，在这个世纪里，有时能引人突然发狂。如果我还没能认识到这一点，只能说我一直以来都疏忽了。事实上，生命本身不会制造混乱。生命从未改变，改变的只是它周遭的东西。改变的是，面对这些直接影响我们生活质量的东西时，我们选择做出什么反应。今时今日，我们需要将自己的注意力转移到生活的需求和负担之上，它们能吞掉我们的整个生活。活着，就是在那些责任和微不足道的漩涡中的某个地方迷失自己，它们经常消耗我们的时间。但是，浅薄的成功梯子上的那些台阶引诱着我们不断往上爬。就像一个自动扶梯，一级一级的阶梯不断出现在我们面前，没完没了，确保我们会继续往上爬。

有人经常建议我们，我们应该将自己的需求和欲望区分开来，在意识到我们的需求确实得到满足之后，看——我们立即就对生活满意了！然而，正如我们大多数人发现的那样，事情没那么容易。如果你将自己的需求和欲望列出来，以便区分，以为这样就可以永远开心地生活下去，你的需求可能就三件：食物、水和住所。自然，“需求”这一栏内容这么少，“欲望”那一栏的内容最终可能慢慢渗入到“需求”那一栏，并且（就为了稍微平衡一下）我们也会允许它们在那一栏留下来。毕竟，我们所需要的东西我们都想要，但并不是所有我们想要的东西都是我们所需要的。如果你能让那些没必要的欲望闭嘴，你就给了那些必要的东西发声的机会。就在我发现自己因为失去一些从未有过生命的东西而感到担忧难过时，我就意识到，是时候做出改变了。

我们如何从这个漩涡不断旋转的气流中逃离出来？答案就是，收拾东西，离开。我并不是说真正收拾好自己的手提箱，买张飞机票走人。我指的是，心理上只带上那些你需要的东西，搬到另外一个城市去——简单的城市（简单）。然而，心理上搬到简单的城市，说起来容易，做起来就没那么容易了。这需要承诺，去清除生命中的纷扰，除去那些你所拥有的和正在做的事情，这样你才能留出更多时间与你爱的人共享，做你喜爱的事情。这个概念容易理解：你的生命越简单，你越能更好地控制它。当你开始从过往的限制中摆脱出来，发现简单的城市那灵活的边界时，自由的感觉将会扩展到你生活中的其他方面。简单的生活方式不是剥夺，而是充实。

清理过程

你喜欢它吗？你用过它吗？看到它你开心吗？它能让你的生活更容易、更舒适吗？如果你的回答是否定的，那么把它放下吧。十年前，大多数人还没意识到有“职业组织者”这个职业，电视上还没有专注于“囤积强迫症”患者的纪实节目。关于那些可以把东西压平以储存更多东西的“真空压缩袋”之类的，也没有什么广告。想要过上没有纷扰的生活，在今时今日，就如同迎着风划着一条小船，向着海浪前进，其后便是一个巨大的海浪。尽管出发时，你的意图是好的，是为了达到目的，你的意志也是坚强的，但外界的影响会不断汇集结合到一起，最终将你的决心溶解，就算不愿意，你也得屈服于海浪奔袭的方向。

为了充分说明这一点，我生理上对简单的渴望就源自自己的一次呼吸障碍。为了追求更健康的生活，“东西”对我而言，不过就是吸尘器而已，不断积累下来有可能影响我的生活质量，但是正如我很快发现的那样，我这些年收集的东西越多，被迫投入的成本、时间、金钱和精力就越多，留下来给自己生命的空间则越少。这就像生命一开始赐予我良好的视力，可以向前看得很清晰，然而，我慢慢地、无心地用一些东西把每个方向的视线都挡住了。我清理掉的东西越多，视线越清晰，自己越能得到更多的自由和平静，生理和心理上均是如此。我立即觉得负担更轻，拖累更少，对生活更有掌控了。我展开了我生理和心理上的一个清理程序，因为我意识到，我所拥有的东西限制了我的思维，阻止它的自由，影响我在生活中轻装上阵。

这个过程的第一步便是除去那些不重要的、不必要的，或者那些不能让我开心的东西。这个不仅包括实物，还有献出的时间，以及在通讯技术上消耗的额外时间，必须对这个做一个诚实的估算。我变成了一个技术控，手机和电脑都给了我这样的机会。这里给你一个好用的建议，你要成为你自己的编辑器。“编辑”你家里每一个房间、每一个抽屉、每一个壁橱。编辑你的工作清单、你对别人的承诺和那些没必要的最后期限。只专注在那些重要的、核心的、必要的……最小需求上。当你意识到拥有太多、做得太多反过来会编辑你的生活质量时，你就会发现，做那个决定并不难。

已经足够了

足够的：充足、充分、必不可少的。简化你生活的整个行为和过程完全基于这个词。第一次你能领会它的含义，并意识到你拥有的已经足够了的时候，那么你就可以启动清理过程了，把多余的清理掉。

多余的：不仅读起来好笑，其定义也很重要。额外的、冗余的、不必要的、过度的、过剩的……所有这些都是“多余”的同义词。我们积累下来的那些实物，不仅仅是物质的。它们能混淆我们的判断，妨碍我们透过生命的厚重看清本质。我们每获取一件“东西”，就带来了一份责任，并在那束缚着我们生活自由的绳子上打了一个结。生命本身没有重量，是轻快的，没有边界。东西、物品和我们所拥有的，最终将证明是无形的锚，能有效地将我们的自由意识附于固定的东西上。

如果你对生活的憧憬变得模糊，尽管你从未想过要实现一种极简主义，为什么不试试收拾好必要的物品，考虑成为简单的城市的永久居民呢？

内在/外在平静

唱片艺术家苏西·博格斯在她的一首歌中唱道：“不管你去到哪里，雨注定都是要下的。”对我而言，这个往往可以理解成一个事实，即，我不可能逃避我的问题。哦，我可以舒舒服服躺在热带海滩上某一处，斜躺着身子，手上拿着一杯冰镇饮料，上面放着一把小伞，但是，很快，我就会被自己的想法、担忧、愤恨和后悔所折磨、轰炸。我迅速意识到内在平静和外在平静两者是相互依存的，我不可能在不受其中一个支配的情况下完全享受另一个。放松只是一时的享受。我有一个相反的等式。我之前试过通过外在平静去达到内在的平静，最终只是让自己随时准备接受失败而已。如果要达到真正的平静，很明显，我必须从内往外努力。

平静：并不意味着
没有噪音、没有麻烦或者无须努力工作的那么一个地方。
它意味着身处噪音、麻烦或者繁重工作中
依然能内心安宁。
——匿名

我意识到我太过纵容自己的思想被生活的琐碎所填满，安静无从进入。我将自己的思想比作一个饼状图，显示电脑硬盘上整个系统的容量。它被分为不同的区，包括未使用的程序和下载了却被闲置的、没用的文件，这些东西一点价值或者一点积极意义都没有，只是占空间而已。当我审视自己的“饼状图”有多少是来源于不必要的担忧和焦虑，以及来源于对不重要事情的重视时，我发现自己的容量快满了。

那些琐碎的事情、垃圾邮件、截止日期以及不相关事情的累积，在我内心、我的生活中占据了太多的空间。《生命苦短，我要留住美好》一个重要的主题概括起来就是，我们宝贵的时间一分钟都不能浪费在那些其实不重要的事情上。“不必为无关紧要的事情而烦恼。”这句话我们大多数人都已听过。我们也曾深信不疑。然而，此刻我们似乎丢失了自己的思维方式。遇到一些应激情况时，我们就完全将这一人生哲理抛之脑后了。

一旦这个原则对当下的问题不管用时，我们很快就把它摈弃了。这个就像，当你感到愤怒、担忧，并且内心沮丧时，不再问自己那三个简单的问题：它现在还真的重要吗？它将来还会重要吗？它值得吗？如果在你感知到担忧和压力期间，你对这几个问题的回答是肯定多于否定的话，你需要认真考虑转换看问题的角度了。但怎样转变呢？宽容。掌握宽容的能力，是清除压力、获得内心平静、学会可以怎样不为琐碎的事情而烦恼至关重要的一步。我们对自己能接受的东西都有一个限度，在接受之后必须对其做出回应。保持宽容的艺术就要求我们学会怎样自动地去超越那些限度，不要认为我们必须要做回应，在某种情况下，更应该想不要去想。这个想法就像把饮料从汽水罐中倒在玻璃杯里一样。在饮料接近杯口时，你会变得不耐烦，会继续多倒一点点，而恰好就是这一点点导致饮料溢出杯口。这已达到了杯子的容纳极限，因此杯子做出了如此的反应。

很多人谈论如何教别人学会宽容，但是真正要掌握这个概念，我们只能教自己。如果我们生来就带着宽容的基因，那么一旦需要，仇恨和偏见很快便自行消散了。宽容的做法可以湮灭气愤、急躁、恼怒和沮丧。它能成为你最能依靠的工具，学会如何使用这个工具，能帮助你不再那么重视生活中那些小事儿和琐碎的事情，也不再浪费那么多宝贵的时间在这些事情上。

你可以在生活的每一个方面都注入宽容。它能给每个人带去质疑和不做回应的好处。如果你能及时宽容（代替事后宽容），那粗鲁的司机、难以拧开的药瓶、难以找到的停车位，对你那一天而言，对你短暂的一生而言，都将变得没那么重要了。很快你便会发现，生活更加顺畅、更加安宁，尽管生活并没有改变，改变的只是你自己。

宽容是耐心。宽容是接纳。宽容是相信你并非一定总是正确的这个事实。我们有着独特的生活阅历、不同的背景、宗教和政治信仰，还能在一些事情上达成一致，确实令人惊异。你的一生中，不能改变的烦恼和分歧太多太多，唯一可行且健康的策略便是通过尊重他人的看法和信仰去学会接受当下的现实。

如果你的心灵和大脑告诉你，某件事情是以它应该的方式存在着，就让它那样存在着，为了你自己。如果别人与你看法不一致，要尊重他们的看法，因为这些看法是基于他们自己的经验、现实状况和良知提出来的。《破折号》这首诗讲述了互相尊重。当另一个人的看法、宗教或政党与你有分歧，不要自动将其视为“错误”的。

对自己的信念坚定不移，并不意味着整个过程就要带着不尊重。一旦你用接纳代替强制性改变，那么宽容之门将为你敞开。

你是否曾经为一件事情强烈争执，以至于你都希望生活中能有一个即刻回放按钮，这样你就能证明你自己是正确的？而往往回放却适得其反。凭着对正确的欲望，我们经常下意识回顾已发生的往事，它们在我们脑海中却有了区别，我们无意间扭曲了事实。只有在多次被证明是错误的之后，并且态度谦逊，我们才能意识到，自己并不总是正确的。另外，两个人能碰到完全相同的一件事情，但对这件事的感知却可以完全不同。

成熟教会了我们，事情远远没有那么复杂，要保持平和，去学会收敛自己的傲气，学会求同存异。

不管你多么坚信自己是正确的，
永远不要那么强烈地表达……
如果你最终被证明是错误时，
可以避免让自己身陷尴尬。

我们都不是神。我们出生时，都是惊人地不完美，有着数不尽的缺点和不足。没有人一出生手中就握着法官的小木槌，可以立即赋予他对别人评头论足的权力。因此，为什么我们中那么多人似乎热衷于批评别人，或者跟在其他爱挑剔的人后面，而不是在表达不满之后离开房间、反驳别人观点或者转换话题呢？

如果你是那种把自己任命为法官的人，或者你知道有人是这种人的话，在再次评价之前，请诚实回答以下问题：

- 是什么让你或者他们有资质担任这个职位？
- 你或他们会先评价自己吗？
- 贬低他人是否让你或者他们在隐形的社会地位上得到提高？
- 你或者他们是否相信，贬低他人将使你或他们自己的光芒更耀眼？
- 这个不相称的习惯是否源自那傲慢的信心或者缺乏信心？

在批评或者表达轻视之前，要先推定对方是正确的，考虑一下这个睿智的说法：那些只会评头论足的人不足为重，而那些真正举足轻重的人，从不评头论足。

ON 关于生活 LIFE

我的“我”

我不是曾经的我自己。我也永远不会是曾经的自己。这么多年以来，每一个独特的我已变成下一个我，而且，也无从得知还需要经历多少个我。之前有青少年的我、在企业的我、单身的我、已婚的我、超重的我、作为母亲的我、作为作者的我，这个名单还会一直持续下去。就像每一个我都有她自己的一生，但所有她们在一起，就造就了今天这个独特的我。我常问自己，是否今天的我是之前的我希望变成的这个我。糊涂了吧？

因为随着年龄的增长，我们的信仰、品味、憧憬、喜欢的和不喜欢的，都发生了显著的变化，回想起来，似乎在我们生命的这些阶段中，我们是不同的人。今天对我重要的事情，对曾经的我则不然。今天我吃的东西并不是曾经的我所吃的东西。现在我谋生的方式也并不是曾经的我所做的。在任何特定的时间，有些人都相信命运和宿命决定了当时的你自己。另一些人则认为你通过选择创造了真实的你。不管是命中注定还是选择，环境、年龄、知识结合在一起的时机，与成熟再次结合，造就了每一个单独的我。

你曾经多少次回顾你做过的事情、说过的话或穿过的衣服，然后想：我那时究竟在想什么？当时的你的心态觉得那些都是完全可以接受的，也是完全合适的；然而，今天的你可能发现，那些是完全不可接受的，甚至是可悲的。今天你疏远的那个人，有可能就是你曾经最亲密的朋友，而曾经那些最亲密的朋友，上一个我，有可能都不会考虑与他们做朋友。

其中的奥秘并不是比较、批评或者对之前的我的行为后悔不已，而是试着去理解每一个我都对今天的我做出了重要和独特的贡献。每一个我都带来了之前未曾经历过的宝贵人生阅历、看法、人生教训、独到见解、声音、技巧、记忆和情感。要认识到，每一个我对下一个我都是至关重要的贡献者。尽管你可能希望跳过特定的人生阶段——悲伤的我、愤怒的我、迷惑的我——每一个特定的阶段都将累积下来，与下一个阶段陆续融合在一起。正如从山上滚下来的雪球，随着生命旅程的继续，我们聚集、保持并且成长。我的祖母岁数大了（正如大多数祖母往往也会老去一样），我对她的了解也仅限于此。我对曾经年轻的、生机勃勃的她并不了解。事实上，直到我长大一些，我才想到，年轻的她也曾存在过。但是，在我的有生之年，曾经的她代表着今天的我重要的一部分。

现在的你是你曾经计划、希望、梦想成为的自己吗？你允许自己对事情的反应改变现在仍然有机会转变的你吗？当你接受你不可能重回曾经任何一个你，或往前成为最终你将成为的你这个事实时，你就能意识到，你唯一的选择就是成就今天最好的你。你要考虑，要将现在的你转变为你知道你能成为的自己需要采取哪些措施。

比昨天更好

如果变成更好的自己的想法让你不知所措，考虑一下，每天每次去做一些小小的但却有意义的行动。想要一次性看清你想实施的所有改变措施，想法本身就能把你压垮，这也是让你失去动力的最坏方式。这种习惯给你带去的更多的是打击而不是鼓励，而且在你行动之前，就会给你的志气泼一瓢冷水。如果你知道，今天的你比昨天的你更好，昨天的你也比前天的你更好，那么你就走上了可能成为最好的自己这条正确的道路，而且那也是你能对自己提出的所有要求。今天的我比昨天的我更好吗？只有你的行动、你的言辞和你的态度才能证实你对那个问题有一个肯定的回答。

当你问自己那个问题时，只需要关注已过去的这一天。昨天你做的事情已过去，世界上所有的钱也不能纠正你犯的错误或者抹去你的过失。明天你的行为还未知。一位不知名的作者写道："明天对于我们毫无风险可言，因为它还未降临。”我们无法保证明天；因此，我们应接受这样一个事实：今天是我们现在所需要的所有。快餐店墙上挂了一块牌子，上面有这么一首老歌，将这个概念集中体现出来了：明天有免费的午餐！餐馆老板每天都会把牌子挂起来，因为他知道，明天总是在来的路上。当明天成为事实的时候，它就被认为是今天了。

有关“我”这个概念的一个独到见解是，想象自己在生活的旅程中，手中紧握那些能让你与今天的自己进行沟通的工具。这个想法会不会让你立即想到一些事情，那些你可能以不同的方式去做的事情？或者让你想到生活有可能选择的另一条路线？它是否会让你想知道，你能以怎样的方式从以往的经验中受益，避免曾经的你毫无疑问一定会掉进去的陷阱和会犯下的错误？如果你有机会写一封信寄给年轻时候的你，你会写些什么呢？

Live Your Dash.

亲爱的我

我曾听人说：“如果那时我能得知……
现在我所知道的一切，那会怎样……”
但，我们被教导要以被验证过的步伐——
时间和生命……都允许的步伐前进。

于我而言，如果我只能是一名学生，
由我自己培养，
我本可以节省许多时间、
本可以为自己省去许多痛苦。

我将做出很多改变，
通过我想传达的那些经验教训，
使曾经的我自己
更像今天的我。

那些教室和老师都是
生命……爱情……和命运。
在我“毕业”之前
我希望能学到更多。

如果那时有办法教我自己
让生活过得更好，
我将给“我”写一封信，
内容有可能是这样的：

亲爱的我，

充分利用每一刻，
做自己那颗闪烁的星辰。
尽管你可能到达不了
你想到达的地方，
你目前所在的地方依然重要……

要开怀大笑，也要经常微笑。
生命原本就应该是有趣的。
在几乎每件事情中寻找幽默，
每一件能被说出、被听到或做到的事情。

在爱情中，并非每个人都是完美的，
你也不能将他们变得完美。
如果你不能接受他们原本的样子，
那么你需要放他们走。

准备一个“B计划”
这样你永远不会
对可能发生的事情不知所措，
对可能不发生的事情也毫无准备。

做一个开明的人；
成功源自取舍适当。
保持如杨柳一般的灵活，
能屈能伸，所以才不会折断。

每个人成为他们
已经成为的这个人，都是有原因的。
找寻美好。（尽管对一些人而言
可能需要更多的努力。）

要警惕一种迹象，
表明你可能已经稍微“失联”了，
这也是你意识到自己正在担忧
自己担忧太多之时。

不要变成单调的奴隶；
日常的奴隶，而应成为一位客人。
那些能张开双臂欢迎改变的人

知道往往这才是最好的。

培养人际关系；
不要认为事情理所当然。
不要期待玫瑰开出花朵
仅仅因为已播下种子。

一直都要再次确定，以保证准确无误，
听从木匠的建议：
“一定要测量两次……
因为你只能锯一次。”

做自己。不要试图引人注意，
就去扮演不属于你的角色。
相反，爱他人原本的样子
而不是他们拥有的东西。

不要开启你的自我防御模式，
即使在你受伤时。
不要更害怕……
只需要更警觉！

学会更多地跟着本能走，
而不是跟着抱负走
倾听心灵，
倾听自己的直觉。

经历痛苦，尽管它让人疼痛不已，

感受悲伤。
放下忧伤和痛苦
只将它留给明天。

如果抓住愤恨不放，
它将伴随你的一生。
唯一释放的方法
就是接受……然后宽恕。

不要期待别人认同
你说的每一句话、做的每一件事。
当你为他人做善事时，
美好的事情也将发生在你自己身上。

你的良心如果有质疑，
答案将变得更加清晰，
当你诚实地正视
镜子中反射的那双眼睛时。

不要侵犯别人的隐私，
也不要让他人侵犯你自己的隐私。
只专注于现在发生的事情：
你自己那扇紧闭之门后面的事情。

设身处地为别人着想；
只做内心认为正确的事情。
对需要帮助的人存怜悯之心，
对他们的苦难存同理之心。

关注积极的那一面，
哪怕在绝望之时。
细数你所有的幸福，
你会发现它们俯拾即是。

不要总是那么匆忙，
放慢你匆匆的脚步。
花些时间去调动你的感官……
去看……去触摸……去品味。

善待每一个人，
脸上带着微笑。
为每一个需要哭泣的人提供肩膀，
为每一个需要拥抱的人敞开怀抱。

现在，这封信写到结尾，
尽管我还有更多要分享的。
我不能把这些教训寄到年轻的我——
那已经不存在的我手中。

这封信，将密封在一个信封中，
我只希望有机会
在十六年之后
和更久之后还能再读到它。

自动导航

自动导航：一种导航装置，例如飞机上的导航，启动时，能保持预设的路线不变，因此可以不需要驾驶员，仅限于日常或者常规操作。我们很多人在生命旅程中航行时，太过频繁地“触动开关”而切换到自动导航模式，而且没有意识到这一点。当我们每天像机器人一样活着的时候，当我们在潜意识中认为生活不过就是以分期付款的方式购买死亡时，我们大多数人甚至都意识到不到我们正在这样做。

那些使用大脑自动导航功能的人往往满足于听天由命，让这个世界来决定他们该怎么做。他们往往掌握了食而不知其味的艺术。他们能听到，但不去倾听。他们能看到，却没有眼光。他们有触觉，却不会感受。他们有属于自己的生命，但从未活过。

很多人更喜欢爬上心里的那艘游艇，在生活的浪尖上安全滑行而过，让自己从海面上滑过，只要保证自己在海上的安全即可。他们从不给自己机会去探索海面之下可能存在的东西。随着家庭和工作的责任不断增加，他们可能一连好几年都继续在一个毫无生机的生命之海中随波漂流，自我感觉舒适，没有太多变化。他们默默地渴望改变，却迟迟不采取必要的措施，因为他们会以这样一种缺乏生机的策略度过短暂的一生，在这种策略中，他们找到了一种基本的安全感和隐形的安全层。

当然，我们现在每天做的事情中，有一些必须自然而然地归入“自动导航”一类。如果每天遇到的每一个选择，我们都必须深思熟虑的话，那仅仅花在做决定上的时间就太多了。我们做的大部分事情都需要一定程度的自动性，例如系鞋带或者刷牙。因此，我们怎样才能消除自动导航症状呢？我们怎样才能重新获得平衡并保持下去，以及一种我们确实就是掌舵的船长这种心态，认为驾驶着这艘人生之舰的正是我们自己。

你就是控制路线、速度和目的地的那个人，只要你不再否认这一点，你就能夺回方向盘，改变你人生方向。你就是飞行员。你就是船长。你就是舵手。通过诚实的反省，你很快就能意识到，你可以依赖你创造目前生活的那股力量去创造你想要的生活。你需要去重视。你需要去重视你自己。

因缘、命运和吸引力定律……它们读起来都挺吸引人的，也是如何对待生命的几种奇妙、积极的方法。然而，等着因缘告诉你什么时候支付到期的股息，或者依赖吸引力法则去改变你的人生方向，这些都是由于没有认清现实。很多哲学家、梦想家和励志大师声称，你可以通过创造属于你自己的现实世界去改变你的生命，但是，现实的定义是，“真正存在的世界和事物状态”。当然，我还想在自己的现实世界里建一个仿迪士尼世界，但我建不了，因为事物的状态必须是实际存在的。那些概念建议你必须建造你自己的现实，其本质是建议你应该创造一个虚假的现实——这个本身就自相矛盾，同时建议你要学着如何在一种否认的状态中舒适地活着。如果你能认清现实，你就能专注于给自己创造幸福，接受“事实就是这样”这个方法，带着它继续生活，并且学着满足于你真正的现实。很多人认为，如果你可以“想象成功”，那么你就可以成功。认清现实吧。我还可以想象自己穿六码（M）的衣服呢，但如果不停止吃奶酪蛋糕的话，这根本不可能发生。改变你能改变的。接受你不能改变的。然后往前走。往往自己是你最大的障碍。让开一点……别挡住了自己的路。

新鲜的鱼

日本料理注重新鲜鱼的口感，这是出名了。不幸的是，日本近海的鱼并不如几十年前那般充足了。因此，为了适应现状，新的渔船就造得更大一些，现存的渔船都做了个性化的改造，以便能到海上更远一点的地方探险捕鱼。然而，缺点是，每一次捕鱼走得越远，把鱼运回来的时间则越长。当然，路途越长，捕到的鱼就会越不新鲜。鱼越不新鲜，日本那些食客就越不喜欢这个口感。

一些渔业公司足智多谋，为了解决这个问题，开始在捕鱼船上安装船载冰箱。这些冰箱使他们可以去更远的海上捕鱼，因为鱼捕上来之后，在海上就可以将它们冷冻，希望能立即保存鱼的鲜度。他们没有预见的一个结果是，日本的食客还是能够辨别“新鲜的”鱼和“鲜冻的”鱼。那些食客们并未对这些新鲜冷冻的鱼有多少好评，因此渔业公司的利润增长也并不如预期。

渔业公司下一步就是安装鱼缸。他们捕的鱼可以放进淡水鱼缸里，但是鱼缸里的鱼装得太满了，那些之前还活蹦乱跳的鱼，没有足够的空间可以游来游去了。这些鱼的确是活的，但几乎就是一动不动的。这样对鱼的“新鲜的”口感也会有影响，因为它们不能游动，会引起鱼肉的不新鲜，那些受过训练的日本食客的味觉立即就能察觉出这种差别。他们更喜欢刚从水中抓出来的、活蹦乱跳的鱼的鲜味，不是那些冷冻的鱼，也不是那些一动不动的鱼。

要解决渔业公司的这个难题，需要一个办法，在鱼缸里加入另一个要素——一只小的但异常活跃的要素：鲨鱼。现在鱼缸里的鱼受到挑战了。为了生存，它们被迫往前游动。一小部分的鱼最终成为饥饿的鲨鱼牙缝中的牺牲品，但是这一小部分鱼被称作附带损害，因为最终的结果是，大部分的鱼到岸时都还是鲜活、新鲜的状态。

我们很多人都活在无风无浪的水域中：疲倦、枯燥也单调。我们需要的正是一只“鲨鱼”，可以让我们保持动力，时刻受到激励，并且再次动起来。鲨鱼可以是新的挑战、爱好或者激情，能让我们的思维保持活力和警觉。仔细检查一下，你有哪些方法可以往你的“破折号”的不同方面加入“鲨鱼”要素。改变你开车上班的路线，开始听不同类型的音乐，去新的餐厅吃饭。给那些平淡无奇的东西抛光；刺激自己的感觉。甚至一些小的改变都能再次唤醒你的意识。

亲自去生活

如果默认你生命最好的年华已逝去，那么你并没有亲自去生活。每一天你能够醒过来，而不是长眠于地下，那么你就应当充实过好这一天。这就像篮球队里的小孩子，在场上上蹿下跳，满腔热情地在空中挥舞着双臂，叫着，“我没人防守！我没人防守”，希望下一个球可以传到他手里，所以我们应该对生活张开双臂，并且随时准备好，充实度过这一生。

我抽屉中有一些照片，当我看着它们时，我觉得：“当时我的心并不在场。”不幸的是，我生命中发生过很多事情，而我当时心却在“别处”。尽管我可能亲自到场了，但我的心绝对不在那里。经过事后清晰的认识，我现在能看清，当时我并未真正活着，并没有真正去珍惜、认真去体验那些时刻，虽然我的身体出席了。后悔之余，我经常觉得，严格意义上来说，我并没有资格甚至去拥有那些特别的记忆，因为我并没有充分参与到创造这些特别记忆的事情中去。有时，声称自己在场，我会感到一阵负罪感，因为我知道，实际上我的心和我的思维并没到场。

我最小的女儿一年级时，她的老师、亲戚和其他大人迅速推断，她学东西很快，是个极其细心的孩子，她通常能记住那些一般会被忽略的小事。他们经常告诉我女儿，她“观察力”很强。有一天，我们走进那家我们经常光顾的烧烤餐厅，她大声地说，桌布颜色和菜单都换了。我被她的观察力惊到了，于是我说，她能记住这样的细节真让我刮目相看。她马上回答我说：“是的，妈咪，那是因为我吸收能力强！”我意识到，她说的“吸收能力强”，指的是别人跟她说的“观察能力强”，于是我会心地笑了。从那天起，我就经常用这个说法，尽管我指的是它的隐含意义。我尝试变得像海绵一样，能有强大的“吸收能力”，也试图保持这种能力，能够从我的周围环境中吸收那些细节，并在脑海中记住生命给予我们的独有特质。我一直努力亲自去生活。

我们很多人不知如何就参与了一场奇怪的竞赛，这其中我们唯一的对手就是生活本身。经常能听到我们说，“我就是跟不上”和“我落后太多了”类似这样的话。直到我们意识到，不管我们怎样努力对抗，生活的那些琐事往往都会胜利。它们在数量上永远超过我们，直到我们接受失败，自豪地拿下第二名时，我们才能放松一下，停止奔跑。如果有一天，我们开始更多地从“可做”清单中选择我们要做的事情，而不是“应做”清单，那么我们就开始亲自过我们的生活了。生活中存储的那些没完没了的细节和截止期限会自动补充这个“应做”清单中的内容；这是你要完成的任务黑洞。与“应做”清单直接不一致的地方是，“可做”清单包含的所有东西都在等着你到来，等着你去享受和品味。它代表着你可以做的事情，这些事情通常不是在你完成应该要做的事情之后才可以做的，而更多的是替代那些你应该要做的事情。真正去生活就包括想办法减少你应该做的事情，多多去发现，增加可以做的事情。据说，我们死去时，都将带着未完成的工作离去。

如果我们能完全投入生活，活得有深度，亲自过自己的生活，那么我们面对死亡时，将不带有忧虑或者恐惧，因为在总结我们的一生时，我们不会感觉到愤怒或者痛苦，不会像自己受到了否定或者被欺骗一样。如果仔细检查我们生命的每一个角落，为了实现、感恩和品味生命这个礼物，我们投入自己的身心、精力、时间和心灵，我们将会感到满意、充实、满足，也知道我们不过是做了我们应有的改变。

好好度过每一个季节；呼吸新鲜的空气，畅饮美味的酒水，
品味可口的水果，尽情享受这一切。

——亨利·戴维·梭罗

9·12哲学

9月11日，是我有生之年最伤感的一天，对我身心都留下了烙印，正如它在数以百万计的其他人心中留下烙印一般。我经常讲述这世间万物如何带给我们经验教训，讲述我们如何从每一件事情中学到宝贵的东西，不论它是积极的还是消极的。9·11事件带给我们的教训永远刻在了我心底，它被刻上去的时间不是9月11日，而是9月12日早晨。当我们完全意识到这个噩梦确实是事实之后，我，还有其他几百万人，都感觉被同理心、感恩、感激和那压倒性的同情所淹没了。作为一个诗人，我知道唯一能带给我慰藉、唯一能让我抒发悲痛的方法就是写出来。我一连写了好几天，每每眼泪都禁不住地往外涌，滴在键盘上。现在，我经常翻看那时候写的东西。为了提醒自己要懂得感恩，我将自己再次置身于当时那种心理环境，重温我那9·12哲学。在我“致恐怖分子的一封信”中，我这样写道：

> 你们就这样野蛮地冲进墙壁和穹顶，改变了成千上万的无辜生命……但，你们挖掘了我心灵深处的意识，让我能熟悉自己的感觉。你们让我想要努力变成一个更好的人、更善良的人……并且让我想要努力用更多的支持和赞同来替代烦恼和抱怨。你们提醒了我，我能给予的爱和善良是如此充裕……因为世界上还有那些绝望的人正在期待希望，还有孤单的人希望结交朋友。你们让我消除冷漠，消除漠不关心的寒冷。现在，不论什么时候，我问“你好吗”，我都会坚持要得到一个回答。我做出这些改善并不是出于恶意，是因为我从内心深处做出了改变……我的决心伴随着我流下的每一滴眼泪。如果我们每个人，为了每一架偏离航线的飞机，都能够做出一些爱的改变……可能它帮助我们相信，那些无辜的生命并没有白白死去。

生命钱

我粗略一算，每天我醒着、活跃的时间为840—960分钟。然而，有时候我度过那些时间，好像它们是从那无穷无尽的时间库存中一把抓过来的；好像在某个地方还隐藏着一些时间，一小时逝去之后，会继续及时填补后面的空缺。往往在我那限定的时间内，我都随意度过，不带一丝关怀或者欣赏，不会考虑这样一个事实，时间正如茶包一样，都只为一次性使用而设计。

我在想，如果那每一分钟都是给我花的钱，我的行为会有什么不一样。如果我生命的时间是以生命钱的形式支付给我，而不是以分钟或者小时体现出来，那会怎样？我知道，我肯定能意识到自己手上握着的东西有多少价值。我能看到它、数清楚它的数量、找到花掉它的各种方式。我可以确保，每次把它给别人时，我都为它找到最大的交换价值。没有办法给它开一个账户，因为我不会把我的生命钱存起来，而且有可能明天就没有这些钱了。毫无疑问，我会带着更清醒的认识、更勤勉的态度和更多的考虑来使用这笔钱。要把消费和金钱对等并不难。消费也能代表对时间的一种消耗。当你知道你还有多少钱的时候容易做预算，但，在不知道你一生还将有多少时间时，就没有那么容易了。那就是为什么你现在享受的这一分钟和时钟上的秒针接下来要转的那一圈，应该是所有时间中最珍贵的两分钟。就因为我们看不到时间，不能将其握在手上，或者不能数清有多少时间，所以往往我们对花时间就没有对花钱那么重视，这样是不是有点讽刺？

随波逐流

在我们出生并靠我们自己吸入第一口空气时，我们就与生命签署了一份有约束力的合同。我们想要活下去。在潜意识里，我们竭尽全力做我们能做的一切，就为了体验、品味这份赠予我们的不同凡响的礼物。蹒跚学步时，还有孩提时期，快乐和所有能带给我们乐趣的东西，本能上来说，就是我们的主要目标。我们追寻并渴望与别人交换爱、微笑、欢笑和喜爱，它们使我们完整。那时，我们还没学明天这个词。我们学的东西还不够多，不会因为感到羞愧而去后悔昨天。重要的是当下。我们不去计划、不去后悔、不去希望，也不去梦想。盘子中有什么我们就吃什么，给我们什么样的生活我们就好好度过。亲自去过自己的生活。

事实是，随着时间流逝，我们年轻的心态被我们优先考虑的事情替代，被截止期限和责任所替代，随之它慢慢被腐蚀。慢慢地、静静地、不为人知地，成功的水流载着我们偏离正道，离亲自去过自己的生活渐行渐远。然而，向着这些缓慢却危险重重的水流逆流而上，永远不会晚。当我们算出已经漂浮多远时，我们就能改变水流。我们可调转方向，重新回到我们开始的地方……去实现当我们呼入第一口空气，与生命签下合同时，本能地许下的那个誓言。

我们大多数人还在小学时，为了记录出勤人数，老师每天早上会当众念出“花名册”上的名字。当叫到我们的名字时，每一个人都希望响亮地回答“到”，以表明我们的存在。这么些年以来，脑海中依旧会浮现起那个日常的仪式。我们今时今日都应该努力地生活，如果生命点我们的名，确认我们是否活在当下，我们都可以听到自己的名字，并且可以本能地、快乐地回答：“到！”

Live Your Dash.

就在这儿

这儿是每一刻，
时间允许的每一刻。
这儿是你的生命……
它现在就在发生。

这儿是当下，
并且这儿无法保持。
与你的未来并未相通，
与你的过往毫不相连。

这儿不能被拥有，
它只能借用，
因为今天的这儿
明天可能就没有了。

这儿是此刻。
这儿是此时。
这儿是读这首诗
的那几分钟时间。

这儿是即刻，
在此时此地的这一瞬间；
它是一种短暂的存在，

我们一定要拥抱它。

这儿是一场演出，
但不会重演。
这儿很快将成为历史，
无法挽回。

这儿是一种知觉。
这儿是一种感觉。
这儿是那时间
正在偷走的每一秒钟。

可以预见的短暂
和易逝就是……这儿。
它将逐渐消失。
它将消失不见。

因此，活在你的当下；
带着清醒和真诚。
让你的思维允许你
活在你的这儿中。

不要让已发生的过错
和每一个未来的计划
剥夺你在这儿的机会，
当你还能在这儿的时候！

生命的密度

密度的定义是“质量除以体积”。生活的密度可以定义为生活中的责任、约定、日程、文书工作、截止期限和承诺的不断叠加，这些东西在我们生活中的体现方式既有质量，也有体积。当我们年轻时，生命几乎是透明的。我们的大脑是清澈的，意识还未沾上污点，心灵也未受到伤害，面对未来，我们的热情毫无拘束。我们还能看清未来，因为我们不需要将密度纳入这个等式。随着我们逐渐成熟，肩负的担子逐渐增加，在负责任地生活和享受生活之间，有一堵紧密的墙开始形成，我们的视线受到阻挡，不再透明。随着我们努力踏上人生旅程，我们开始浇筑这堵墙的基石。随着工作、人际关系、账单、配偶和孩子进入我们的生活，随之带来附加的压力和需求，这堵墙也在想象中，一点一点地被砌得更长更厚。

然而，在这堵墙被砌起来时，我们似乎并不承认它的存在。只有当这堵墙不断加厚并且影响我们充分体验生活时，我们很多人才意识到它的存在。当生活的密度值大于欢乐乘以满足的结果时，我们才意识到，必须做出改变来阻止这个模式继续下去。大多数人在中年中期会有此顿悟。有些人足够幸运，看到他们生活的密度增加，就更早一些注意到这一点，因此也能及时让自己做出必要的改变。其他人却很不幸，等他们意识到生命的密度已将他们的视线遮挡太多时，已经太迟了。

我们现在的生活方式会让我们对本应该怎样去生活的看法变得模糊。现在，我们有“生活教练”，打着广告吹嘘他们有能力设计一个既适合我们的钱包，又适合我们目标的合同，欢迎我们去聘请他们。我甚至都不喜欢我的排球教练，所以我不认为我会请一个教练，对我该怎样生活去指手画脚。此外，我们自己的问题，靠我们自己去解决，并且在必要的时候学会更正我们的路线，这些都是生命旅程的基本组成部分。不让自己进行这样的反省，就像太专注于目的地，反而错过了旅行本身的美好。

生命的密度会引起压力的循环，随着它不断毁灭一切出现在它面前的东西时，它的力量不断增强。这股繁琐的旋风过后，留下不可修复的损害。每一天，我们会经历物质的冲击，要求我们同时开启我们的脑电波。通过媒体——纸质的、在线的、电视的、电影的——不断提供给我们无数的刺激种类，这些刺激会不断积累，加进生命的密度中，最终让生命浓度太高，以至于光线都难以穿透。那就是为什么我们现在有机会可以看一些“真人秀”。很多人觉得，要想从互相竞争的刺激浓雾中显现出来，唯一的方法就是你的行为要足够怪异、让人吃惊、与众不同、无法预料。他们会做一些让人吃惊，往往冒犯别人的事情，来帮助他们在浓雾中表现自己，令人瞩目。人们因为急切想要被注视，会做出这样的事情，随着我们读到和亲眼看到越来越多类似的事情时，我们慢慢地变得不再敏感。我女儿还在青少年时期时，在电影中看到一些恐怖画面，丝毫不会害怕，而那些画面，当我在她们那个年纪时，在我最恐怖的噩梦中我都不敢想象。此外，我们越是被数据与细节淹没，我们就越要抗争，要保持一颗同理之心。

乡村歌手洛雷塔·林恩十分自信，也非常相信自己的才华，所以她拿起自己的吉他，开车到全美各地好几个广播电台，亲自表演自己的唱功。她和她丈夫都认为，只要广播电台的人听到她唱歌，看到她的表演，就会破例给她机会，她也认为自己值得他们破例。尽管她的自信、勇敢和坚韧令人钦佩，最终也让她享受到彻底的成功，但是，如今，如果你未提前通知或者预约——哪怕只要求亮相几分钟——就到广播电台去，都不会允许你进入播音室。考虑到现如今我们环境的密度，她成功的途径是不可能的。现在，简历中往往都希望包含一份相关的“社交网络资料”。大多数出版商不会接受一个不知名的作者“主动提供的”材料，在这样的经济下，雇主能在众多的劳工中细细挑选。要在21世纪的明星中闪耀你自己的光芒变得越来越难。

一些公司认为，客户在接受他们服务之初，强迫他们签订长期的合同是十分有必要的。他们发现，伴随着生命密度中越来越激烈和巨大的竞争，要从一大群公司中脱颖而出，变得日益困难。公司给客户提供各种选择，好让他们的服务价值高于他们竞争对手的服务价值，这将意味着放弃高额的利润。因此，他们不再去找寻新的方法让自己闪光，而是接受慢慢消失在黑夜中，满足于通过要求签订捆绑性合同留住客户，而不是给客户提供卓越的服务，其实，这样确实很有可能留住客户。

然而，每天都有更多耀眼的明星看似从遗忘中显现出来，你怎样才能让自己脱颖而出呢？最好的答案就如20世纪40年代创作并记录下来的一首歌的歌词那么简单："最爱美好（Ac- Cent-Tchu-Ate the Positive）！"使用现在的语言，意思就是："假如你拥有，就炫耀吧！"在整个花园都是盛开的花朵，一片生机勃勃时，一株毫不出奇的杂草很容易被人忽视，但一朵美艳的花儿如果骄傲地立在一群杂草中，则会吸引众多的眼光。要不断寻找，直到找到可以让你自己变成那朵绚烂的花儿的方法。

可能会有成千上万的人跟你竞争同一个职位，市场上与你生意相似的也遍地都是，但是每个人都拥有独特的东西、强大的东西、他们所固有的东西，能帮助他们闪耀光芒、出类拔萃。你内心深处，也拥有属于你的才能、技巧或者特质，要去加强它并加以利用。挖掘它的潜能，纵然这需要用自信和勇气来替代你的谦卑和谦逊。

社交媒体

社交媒体是指各种在线交流的平台，如脸书（Facebook）、聚友网（Myspace）和推特（Twitter）。尽管这些平台是最近开发出来的，早在年轻的时候我却亲眼见过相同现象的一些例子。孩提时候，每个夏天，母亲和我都会去纽约和祖母以及其他亲戚家待一段时间。作为一个在南方长大的孩子，最令我着迷的是每个人所说的“门廊”。门廊指的是每一栋房子前面的石阶，住在房子里的人，以前会在那儿聚一聚（现在也这么做）。你甚至不需要打电话预约。你也不需要提前给自己预定地方。你只要走出去，在那几级台阶上给自己弄个地方就可以了。很快，你的邻居和那些下班回来的人，从当地商店采购回来的人，或者从公园散步回来的人都会加入你，热情地攀谈起来。你去熟食店买东西或者串门的路上，可以拜访别人家的门廊。这个就相当于现在的在线聊天室。这是社交媒体的雏形。我记得，之前一直在想，家里有门廊的话，就不会缺朋友。从那时候起，我经常希望自己住的小区也能有这样的门廊。

键盘上的交流

现在的社交媒体和科技能增加生活的密度，与此同时，也在社会上造成了一种脱节，令人担忧。其中，一种不可预见的、不幸的伤害就是对人与人之间联系的伤害。当地同一个社区的居民不能再聚集起来，谈论晚间新闻或者报纸上的文章，因为他们获取信息的选择太多了，他们很少有机会看到或者读到相同信息。相反，他们过去经常分享相同的主题，这些主题出自仅有的几部出名的电视剧、新闻广播、喜剧和娱乐节目，而现在科技能不断让他们每天都接触到成千上万的看法和信息量。

现在，恋人分手会通过短信或者邮件，孩子们会通过短信给父母说晚安，哪怕他们就在楼上的卧室，很大一部分人际关系都是通过在线交流建立的，同时你也找不到连官网都没有却成功的公司。我们甚至找到了避免亲自花时间给朋友挑礼物的方法：礼物兑换券。

在计算机领域，界面这个词经常用来指两种部件的交互点。主要是指允许硬件和软件沟通的渠道。我觉得这个术语有点讽刺，因为计算机和科技本身就应该直接负责消除人类之间的界面。

斋戒科技

科技这个词通常会让我们联想到快、迅速或者急速。在这里，我建议的是我们要更多地去杜绝使用科技，完全杜绝。据说，如果我们生活中不能控制好科技，那它将会反过来控制我们。直到最近，我才意识到这个说法的正确性，当时我手头上有很多任务，在那么一纳秒的瞬间，我曾考虑发短信给我后院的狗，让它别再叫了。

人们会因为宗教信仰而进行斋戒、为了抗议而绝食、要做体检而不吃东西保持空腹。瘾君子为了成为更好的人，为了在他们自己的生活中更加清醒、更能享受当下，他们会戒毒戒酒。毒品和酒精能够让一个人成为他们不想成为的那个人，甚至变成连自己都认不出来的人。这些物质，能改变一个人的内在本质。科技也在慢慢改变我们。通过使用科技，我们能逃离现实，忽视责任。尽管赌博、酗酒和吸毒是仅有的几个被归类为成瘾的恶习，无可非议，科技的使用往往也应该被归入这一类。

我不允许听都没听过的发型师给我剪头发，但是，我却将自己生活的维护托付给一个由金属、塑料和玻璃组成的大概 13 厘米长的东西，它时不时地将我的个人信息上传到 4G 网络上。它能记住我大脑记不住的或者大脑放弃记住的所有东西。它成了我自己的一个延伸、成了我的一部分。它就是我的“手机”。

尽管我的前半生中并没有这个奇妙的小东西，现在只要没有拿手机，不管时间长短，我都会出现焦躁的症状。睡觉时，它就在床边上，与我的距离从未超过一米远。我得依赖它，才能准确记住朋友亲戚的生日和纪念日，每天靠它能快速回复客户，给客户留下一个好印象。然而，甚至我这个承认自己已经上瘾的科技瘾君子，也意识到了适度使用手机和偶尔节制的必要性。

我听说有几所大学的学生参与了 24 小时的科技斋戒活动。当时，对他们的一个要求就是，把这个经验写成博客发表出来。在他们的叙述中，上瘾和依赖是经常出现的两个词。一位年轻的女性评论称，看不到手机屏幕发出的光，她甚至更难入睡。另一个说，他意识到了自己其实有“腿”，完全可以作为社交工具真正亲自去拜访别人，而不是通过无线工具来交流。

我发现，数百万的“千禧人”（这一代人年纪最大的30岁，最小的才接近青春期）在一个虚拟世界里繁荣发展，像发短信、聊推特等行为对他们而言是再常见不过了。他们的字典里最常见的一些说法，如，“那个有APP吗”“你看他的推特没”，这些对很多人来说都还是陌生的。“千禧一代”比之前任何一代人都要精通科技技术的使用，因为科技常常成了他们生活的一部分。对很多人来说，他们自小就享受着电脑、互联网和手机带给他们的便利，他们已习以为常。他们将这些东西视为他们社交生活至关重要的部分，类似这样的东西是必需的、无可替代的。

每一代人都有这一代人的集体认同感，他们带着这一份认同感继续往前走，从这个十年走向下一个十年。如果这一代人没有再次挖掘出他们的资源，这一代人的这些特质将陷入被遗忘的危险中。明显的一个后果就是，人与人之间的接触受到了限制，导致人们越来越不敏感。人身体接触和面对面交流中有太多价值等着我们去发现。视频聊天给不了要落泪的人一个依靠的肩膀；一条短信也不如当面说的一句温暖的话，同情中带着语调的抑扬顿挫；多媒体信息不能张开双臂拥抱朋友，电子邮箱也不能握住那需要被握住的手，尽管这些都是科技上的奇迹。

Live Your Dash.

倒　带

今天我闭上双眼，倾听着
海浪拍打沙滩的声音，
慢慢地，有一种感觉环绕着我，
似乎我从未听过海浪的声音。

我让世界离我远去……我邻水而坐；
每一种感觉，我都完全感知。
我感受到海上的微风进入我的肺部，
也吹乱我了的头发。

在心中，我将那些职责和任务——
每天都期待我完成的职责和任务抹去，
因为我终于意识到生活这一点：
这样的时刻转瞬即逝，少之又少。

但是……如果科技足够发达，
我们能用它带我们穿越生活……
悲痛时，加速前进，
略过斗争和冲突，一切又会怎样？

所有美好的时刻，我们能让它们停下来，
按下播放键，一遍又一遍，
不断按下倒带键直至它失效，

回到我们曾经到过的任何地方。

而还原键可以将我们爱的人带回来，
或者让一支枯萎的花朵重新绽放，
我们可以用插入键，
往每一小时中多加入几分钟！

我们可以按删除键，删掉我们犯下的错误，
将每一段记忆保存成文件，
每一滴眼泪都删除，
每一个微笑都截屏。

但是生活并不能倒带，
我们不能把每一天都保存下来；
也不可能把时间暂停，
让它停止慢慢消逝。

因此，在我键盘上出现这个键之前，
上面写着：重复今天……
我将给生活减速，享受生活，活在“当下”，
就像我……从未……活过……一般。

没有贴标识

生活的密度会产生副作用，会在沿途留下间接的损害。直到我走得很近的一个亲戚在结肠检查之前，把一颗栓剂误以为是口服药吞下去，我才真正意识到，服药之前读那些基本的警告和具体的说明很有必要，尽管它们再明白不过了。当购买盒装的东西或者塑料袋包装的东西时，包装上往往会印有醒目的警告：不要置于孩童头顶。有人觉得这样的警告没必要，但是考虑到今时今日，有那么多事情会分散注意力，并产生干扰，再加上我们这个社会喜欢打官司，这样的警告还是必要的。因为生活的密度太大，科技不可避免地让我们分心，需要有人不断提醒我们去注意那些基本的信息。我们需要得到所有能得到的帮助。

我 17 岁时，有一次在南部州开车，因为超速被骑警拦下，要求我靠边停车。这名骑警长相与电影里刻画的警官没多大差别，戴着宽边的斯摩基熊帽，发誓要坚决维护法律。那时候我完全相信，在那位警官眼中我应该是很可爱的，我试图说服警官别给我开罚单，而事实却不是如此，很快我不得不带着一张高额的交通罚单以及一堂自尊受损的人生课驾车离去。那是我至今收到的唯一一张交通罚单，所以 20 年后，从后视镜看到那陌生的蓝色警灯不停地闪烁，让我不自然地感到一阵惊慌。我脑海中立即回放，在上一个路口我可能违规了。停车……打转向灯……绿灯……似乎都没有错。为什么巡逻警车跟在我车后，示意要我靠边停车呢？

我找到一个可以安全停车的地方，长得像《梅博里小镇的巴尼·法伊夫》主角的警官慢慢走近我的车。他脸上的表情让我立马觉得自己是没有克莱德陪伴的邦妮。他的表情非常严厉，难道我违规很严重吗？我礼貌且无辜地问道，我也真正觉得自己是无辜的：“有什么问题吗，警官？”他回答：“女士，下午好。你牌照上没贴今年的年检标识。今年的年检标识是绿色的，而你的还是以前的黄色。”“不可能！”我反驳道，话一出口我立即后悔，言辞太过激烈，语气太不注意，于是我连忙加上，“警官……”

“我的标识就在这里。”我一边说，一边发疯似的在储物箱里找年检标识。威利·纳尔逊的CD……一盒口香糖……一支口红……哈！找到了！我清楚地认出了那个文件，急切地打开它，挑衅地给他看了，心里想着自己只需要耐心地等着他给我道歉就可以了。我递给他的时候，在公文的顶部有一张绿色的标识，直勾勾地盯着我，似乎在嘲笑我。“巴尼在此”的台词言犹在耳。

我简直无法相信。我清晰地记得几个月前去过年检标识办公室。我之所以记得，是因为我们办完回到车里时，孩子们正在互相打闹，并且天空在打雷，因为那天早上手忙脚乱，还忘记给狗喂食，我得赶回家。我能回想起所有的细节，就是记不起来把年检标识从登记表上取下来，贴到牌照上。

好吧，没问题。我给“法伊夫”先生解释的时候，他肯定会理解的。想到他可能对我借口中家里的狗饿了这部分不会感兴趣，于是我直奔主题，说道：“好的。非常感谢你让我注意到这一点。我马上就把那个小标签贴到牌照上。祝你度过一个美妙的夜晚，警官……今年我肯定会再给警察爱心协会捐款的……”

接下来我听到的话让我难以置信：“女士，我现在给你开一张传票。”“传票？”我大声问道，“为什么？”“因为你没有在牌照上贴今年的年检标识。佐治亚州的法律是这样规定的。”他回答时不带丝毫表情，就像在念新手警察手册的第五段文字。“你不是认真的吧，”我说道，“我只是忘记把它贴上去了。它就在我车里啊！”带着明显的几分讽刺，他像一只猫终于吃到金丝雀一般，裂开嘴满足地笑了，回答道：“我在巡逻车里怎么看得到呢？”他问住我了。我不可思议地摇摇头，问：“要罚多少钱？”“这个，如果到了法庭上，你说明自己办理了有效的年检登记的话，法官也许会对你宽大处理的。”这是他的回答。我觉得，根据这场对话进行的方向，我最好不要把心里所想的说出来：“究竟只是我，还是整个事件让你会觉得有点愚蠢？”

我没有再说什么，带着那张黄色的传票离开了，这表明当月16日我需要出庭。我心里在计划，当天拿着登记文件第一个去开庭。这意味着要占用我的一些工作时间，重新安排我的计划，但是，法律就是法律，我得为孩子们树立一个好榜样。

16日早上，我按计划直接开车去了法院，非常希望能及时赶回办公室参加上午晚些时候的一个会议。我像一个天主教的女学生一样，双手整齐地放在大腿上，规规矩矩地坐着。穿着那件海军蓝色西装，里面是白色衬衫，我认为能给法官留下好印象。我也确信，我更像一个正义的空乘人员，而不是一个违法分子。

正如我预料的一样，我是第一个被那魁梧的法院保安领进法庭的。我认真地在第一排选了个位子，傻傻地认为早起的鸟儿有虫吃。法警开始念名字，一个接一个。我试图找出这些犯法的人走上被告席的顺序是怎样安排的，而在那张违法者名单上，我的名字又在哪儿。按照字母排序吗？不，因为马丁先生的名字在科恩女士的名字之前。我很快发现，违法者名单很明显是按违法日期先后排列的。我开始想，我生活的这个县一定是遵循先到先得这个规则的。随着几小时慢慢地过去，我试图让自己随便想些什么，这样可以消减自己的不安情绪。我一会儿想到，法官席是用什么木头做的，又想到每天他可以上几趟厕所。我盯着窗外一只好奇的松鼠，它也盯着我，我怀疑对它而言，这些诉讼程序是否只是法庭实况频道播放的一个节目而已。

正当我比较完天花板上左边瓷砖和右边瓷砖的数量时，坐在我旁边的妇女开始与我交谈起来。我并不那么迫切地想要交一个新的朋友，但我随时欢迎别人与我进行愉快的交谈。我转过去看着她，有那么一瞬间，我很好奇，她身体像筛子一样，她的体液如何仍然在里面继续流淌的。我拼命控制自己，不让自己对此评头论足。她脸上穿的孔从眉毛开始一直到太阳穴。她给我描述她身上的每一个文身。她左手臂上有一个刀片文身、右手臂上有一条虎头鲨。“看到那个就让我想到我妈妈。”她骄傲地说道。“你眼睛跟她的一样。”我同情地回答道。

她朋友好像得到了我们无声的邀请，也加入我们这个刚刚组建的支援团，她们开始比较那些个晚上的细节。很明显，就因为那些晚上，那天上午她们才出现在雷米法官的法庭上。她们描述了自己当众被戴上手铐时所装出来的勇气，对此她们似乎很自豪。斯特拉承认自己兜售并持有毒品，而布兰迪则被控告非法持有武器，听到这些细节，我太震惊了，我必须承认，听到这些我悄悄地往凳子左边移了大概10厘米。我试图避免肯定会轮到我的“那个问题”，但我也没能躲掉。

然后，问题就来了。“那么，你为什么也到这里来了？”她俩都这样问。当时，我听取了受到灰熊袭击的时候该怎么做的建议，我没做声，假装没有听到她们问我的问题，尽管法庭当时相对比较安静。斯特拉更大声地问了一遍，以为我没回答肯定是因为听力有问题。我转过头，假装在咳嗽时被打断了，右手捂住嘴巴，谦卑地给出我的回答，听起来有点像“费拉塔拉菲斯塔路……” “什么？”她们同时说。“费拉若俄威科斯塔特。”我含糊地回答道。“什么？”她们又重复了一遍。很明显，这个审问我是逃不过去了。于是我采取了“入乡随俗”的人生哲学，我怒气冲冲地说：“没有贴标识！”话音刚落，我几乎都感觉到，因为我的罪行根本没机会让她们惊讶，自己有了某种程度上的失望。（就在那一瞬间，我是真的在追求她们对我违法行为的尊重和钦佩吗？）她们听到这个回答后，都不以为然地假笑了一下，当时我知道自己不得不接受一个事实，那就是她们不会再邀请我参加妇女支援会了。我的犯罪人生就这样遭受了挫败，我感觉她

片段

每做一件事都要百分之百投入。这个建议很棒，但是在当今这个多任务化的世界，这个想法根本不可能。再者，当你想方设法实现这一壮举时，而且如果你也确实成功这样做了的话，肯定会在某些事情上、某些地方产生一些后果。你的身份可以是职员、同事、老板、家长、配偶、朋友、兄弟姐妹、女儿或者儿子。但你不是这些身份中单独的某一个，而是所有这些甚至更多身份的集合，同时兼顾。因为绝望，也出于必要，你会试图相应地把自己分割成许多部分。你分别给家长、职员、配偶和朋友这些角色各分配一部分你和你的时间。然而，当你在做这些算数的时候，你留下百分之多少来做你自己呢？

尽管你不可能真正地在某件事情上或者对某个人投入百分之百的你，但是你可以保证，你能给予的那一部分注意力是专一的，至少暂时是专一的。多重任务是一门艺术，是通过在今天这样高密度的生活中去生活并且成长而磨炼出来的才能。它是一种让你同时有效胜任多个任务的技巧，也是能立即分散注意力，并将注意力专注在不同部分上的能力。它要求在多重任务的情况下能均匀分散注意力，而不是一次性只能专注于一个任务。

要使用这个技能，不需要每一个任务都保持一心一意。事实上，对一个效率高的多重任务者来说，能将注意力集中分散到每一个任务上，这是一个核心的才华和完善了的能力。不幸的是，有一个副作用，就是当我们周围发生的事情还不足以用“多重任务”来对待时，我们会继续执行多任务模式。多任务模式已默默渗入我们日常生活工作中来，逐渐成为我们的一个习惯。结果就是，我们以多任务的模式去散步、去谈话、去经历、去生活、去体验每一个瞬间。为了简化，我们就把整个人分成四个主要的部分：身体、大脑、心和灵魂。这四个部分互相连接，自然、紧密。你不可能在不影响任何一部分的情况下将其中一部分的百分之百拿出来。我们很多人表面上看来，每个部分的所占比例并不相等，但基本上，我们的组成部分是均一的。这篇文章中，任务的定义是日常的工作、差事、责任和义务。这些任务中很大一部分需要的是我们的身体和大脑。相反，那些瞬间似乎更需要我们投入我们的心和灵魂。

生活中很少有东西能长久地吸引我们的注意力，让我们体验它们，最终吸收它们。我们很多人发现能同时处理多重任务很有必要，但，将自己全身心投入每一个瞬间对我们的幸福健康也至关重要。为了做到这一点，我们必须注意到一个任务和一个瞬间两者之间重要的区别。任务会一直都有；瞬间转眼即逝。没有完成的任务可以迟一些去完成；瞬间不能推迟。任务是安排好的；瞬间，往往是自发的。任务是普遍的；瞬间，则是难以捉摸的。最重要的是，一个任务没有完成，与因为错过一个特殊瞬间而遗憾终身，这两者根本无法相提并论。

我已学会区分
每个瞬间和每一分钟：
分钟不过是时间的一个度量单位，
但，瞬间才是这个度量单位内所包含的一切。

Live Your Dash.

瞬　间

我们的生命由分钟度量，
把每一小时汇成每一年，
但生命却因其中的瞬间而被记住——

那些充满欢笑、爱和眼泪的瞬间。

生命的这些瞬间定义了那些年华，
记录了我们的过往……
旅途中的里程标记牌
被我们匆匆抛在身后。

那些留下
神秘微笑或者伤疤的瞬间
是值得我们注意的、有价值的事情，
也造就了我们自己。

我们捕捉的是那些瞬间，
在脑海中我们描绘出
那些时间的画面，难以忘记
那每一秒消散的过去，珍贵无比。

平淡的时间可能会填满我们的每一天，
正如一段段简单的时间……直到
有一个瞬间使得
整个世界好像静止下来。

今日的瞬间并不是永恒的；
它们转瞬即逝。
我们都活在
那已经去瞬间的馈赠中。

我们记忆中，那些岁月将会模糊；

所有日期和时间也会破裂为碎片，
但那些瞬间就像一首首墓志铭
刻在了我们的心上。

生命的瞬间……是珍贵的礼物；
比白银或黄金更加珍贵……
是无价之宝，无可触及，
应加以珍惜。

每一天新的瞬间都即将发生，
我们醒来睁开眼时，它们就在那里。
一天结束之时，我们应该问自己：
“是否仍有一些瞬间我们没有体验？”

自发的或者反复排练过的，
带来欢笑……引起伤痛。
它们可能发生在阳光里；
它们可能出现在雨水中。

但是每个瞬间变为记忆，
你做过的事……你去过的地方，
在每一段记忆中，每一个瞬间里
都可以一次一次再去回味。

时间弹指一挥间，消逝后，
可能永远再也想不起来。
让我们在生命中……体味每个瞬间，
因为它们会永远伴随着我们。

品尝……生活的滋味

当时我正在打扫厨房，注意到玻璃门外有个不寻常的动静。我走过去，瞥了一眼后院，突然，有一股风，似乎从四面八方吹过来，越吹越大，把那棵老橡树树枝上积累了整个春天和夏天的棕色的、黄色的、橘色的树叶都吹了下来。我站在那一动不动，风将息下来，朝着各个方向不停地旋转、旋转，正如在一起彩排一个日常的同步舞蹈。刹那间，那阵轻快的微风让秋叶如同雪花般落下，无可否认，我被当时的场景完全迷住了。我想象自己就站在那棵树下，双手伸出在空中，仰起头，闭上眼睛。我几乎可以感受到，叶子优雅往下飘落时，轻抚过我的肌肤。我想在树下漫步，听脚下落叶咯吱咯吱的声响。

我很为自己高兴，我能停下手头上匆忙的清洁工作，去见证这一突然发生的事情——一件平时我可能不会注意到的事情。就在这一天，我感觉自己就像这场大自然亲自参与表演的唯一一个观众，表演虽然短暂，但却令人叹为观止，任何一个可下载的应用程序都不能将其再现。

我在想，如果能将这次体验录起来，哪怕是一小段，那该多好啊。这样我就能多看几遍，希望能重现当时我内心的那种敬畏感。于是，我跑上楼，一把抄起照相机，然后跑回去，希望能捕捉到大自然的再一次表演。我走到露台上，在冰冷的空气中一动不动地站着，手中拿着相机等待，相机对准树顶上的那些叶子。通过相机的取景器，我专注于叶子那温暖柔和的色调上，心里设计好了用什么样的角度、什么样的焦距拍摄这些叶子，以及它们再一次的盘旋之舞，这支舞蹈同时也是它们去往新目的地的一次旅程。现在它们的命运，只是在下一阶段生命的循环中扮演一个重要的角色。

我耐心地等待。然后，不耐烦地继续等待。等待……等待。然而，我很快意识到，风，并不会配合，它完全静止不动了。尽管秋天空气里清新的味道让我感到宁静、安详，但是，错过了用视频记录下这个属于“我的”瞬间，心中很是失望。继续的沉默只不过是在进一步说服自己，我得到了一个抓住这独特体验的机会，虽然只是在心中记住这一段鲜活的记忆。就好像，在那一瞬间，我想象着用电脑键盘上的“保存”键将这瞬间保存了下来，以便以后我可以把它从我们存储在大脑档案中的记忆和瞬间数据库中提取出来，重温这一大自然的灵感。

对我而言，很明显，我的选择确实有限：我可以学会品尝生命的滋味，把它作为增量分发到生命中，我们称之为“瞬间”，或者我也可以每天24小时脖子上挂着我的尼康相机。我选择了去品尝……你呢？

拥抱每个瞬间。承诺要更多地活在当下。不管你在参与什么，完全拥抱它。学会完全占据每一个瞬间，活在现在。如果你试图一次性抓住生活中正在发生的所有事情，那你其实正在错过真正构成你生命的那些瞬间，而那些“瞬间”才是你将珍惜并且记住的。

感觉

感觉：生物体器官中，为感知提供输入的生理能力。但是我坚信，它们的能力远远不止那些……

你是否有过这样的经历，闻到一朵盛开的花朵那短暂熟悉的香味，或者看到在你眼角略过一个似曾相识的影像，又或者在收音机里听到一首老歌，然后你的思绪就被带回生命中某一个地方、某一段时间？

尽管视觉、听觉、触觉、嗅觉和味觉可能是我们五大基本的“感知输入途径”，但是我已发现，每一种感觉都有着独一无二的特质和能力，但往往被我们忽略了。它们有连接功能。每一种感觉都是一个通道，通过它，目前的生活体验在几秒钟之内就能与相应的记忆匹配起来，甚至是最微小的细节。从实用性的角度来说，这些细节本应该永远消失，就像它们发生的那些日子中那些个小时一样。但是，它们反而被很有策略地在我们的记忆深处进行了存档，只有一个共同的纽带方可将其加以提取，然后被一种或多种感觉挖掘出来，再与目前发生的事情进行“配对”。视觉、听觉、触觉、嗅觉和味觉都能够将我们的当下和过去联系起来，不遗余力、不留痕迹，每发生一个特定的事件时，就能将这个场景再重复一遍。

对我而言，这个理论可以举很多例子，其中一个完美的例子就是盛开的栀子花那甜甜的香味，带有刺激性却让人舒适。在我还是小孩时，隔壁邻居家有一棵硕大的栀子花树，似乎永远都在开花。（这棵树太大了，树上都是多刺的尖叶子，以至于今天回想起来，都让我想起《绿魔先生》里西摩的那棵靠吸人血才能生长的奇异花卉，大声地叫着：“我要喝血！”）那时我经常到那位邻居家里。今天，只要我家的栀子花一开，经过它时我一闻到那独特的香味，就立即变回了小女孩时代，站在邻居家的前廊上。

似乎我的大脑强迫着我逃回过往的时光中。我感觉不得不暂停生命那不断向前的步伐，回想起我认为早就被我抛之脑后的那些细节。

另一个场景包含了歌词和歌曲，这个我一次又一次见证过了。你肯定已听过无数的歌曲，大声地唱过，一遍又一遍地播放过，但可能很多年没有再听过。你一个人开着车，突然，收音机上放出特定的一首歌。你还没意识到发生什么事情，就跟着歌手一起唱起来了，每一句歌词、每一个音调变化、每一个节拍都与之一致。所有这些信息之前都在哪里？听觉——这个管道——从你大脑中找到匹配的记忆，把那首歌的档案打开，一股脑把里面的东西都倒出来。当朦胧的画面如洪水般涌入你的大脑时，你联想到与你一同唱那首歌的朋友，你曾听到过那首歌的地方，或曾经与年轻的爱人一同随着它的节奏一起摇摆，你及时重温了那一瞬间。想象一下，地图上有很多条路径，从城镇广场出发，每一条路都永无止境，通向整个世界，但都从同一个核心地点出发。这些路径代表着我们的感觉，城镇广场保存着我们的记忆。每一条路都有属于自己的路，直通起点，当我们继续生命的旅程时，就又能随意连接到我们。

看到实实在在的照片时，想到我们感官所捕捉到的并偶尔提取出来的独特记忆时，很多人会感到舒适，也能在其中找到慰藉。每次看到那些海洋热带鸟类我总会微笑，每次看到鹈鹕骄傲地站在一块漂浮的木头上时，我一定能清楚地听到我父亲大声对我说："那只奇怪的鸟就是鹈鹕……它的嘴里能装的东西比它肚子装的都要多。"

对很多人来说，烤饼干甜甜的香味能立即把他们带回奶奶家中，或者海浪拍击海岸的声音在精神上能把他们送回那个难忘的暑假，和兄弟姐妹一起捡贝壳。对另外一些人而言，头顶飘过翻滚的云朵，就像魔法师一般，勾勒出孩提时与特别的朋友一起躺在凉凉的草地上的场景，他们一起找出藏在云朵背后的形状是什么；而一个人舌头品尝新鲜草莓的味道，也能让他想起后院花园曾经结满枝头的果子。

感觉和记忆两者永远交织在一起，不能改变。允许感觉把你带回你最喜欢的那些时光和地方，这样你就能重温生命的一些瞬间了。给你的生活减速，直到你可以充分欣赏并吸收你的感觉所携带的那些珍贵记忆，以及它们的微妙之处。

伤痕和记忆

“谁动，就给谁一枪……”25年后，那句话依旧在我耳中回响，就像昨天刚听到似的。这句话是站在我面前的一个陌生人说的，他那刺耳的声音我听不出来，那张脸在我脑海中也不过是灰暗的走廊上戴着面具的一个轮廓。但是，那个声音、那个轮廓和那一天在我精神上留下的那道伤痕，时间依然没能把它愈合。

他强硬地示意我们走入房子后的一个房间，我记得当时感觉到他邪恶地在我背后走动。我现在还能回忆起，他跟着我们，慢慢地、谨慎地走进那间储藏室，我大脑中明显有一种不安的好奇心。那是一种病态的好奇心，我好奇，他朝我开枪，当子弹穿过我的肌肤时，会是什么感觉。直到今天，那段记忆都让我害怕，却也难以忘却，随之而来的是挥之不去的想法：“假如……会怎样？”

他把我们像赶牲口一样赶进储藏室，之后我再没有转过头往后看。我对着墙壁，一动不动地站着，靠着一根水泥柱子，在那个时候，那根水泥柱子不仅是整个房子的支柱，同时也支撑着我的身体。我双手交叉握在一起，直到手指因为血液不能自由流动而发白。我开始祈祷。我祈祷得很用力，似乎头都痛了。我眯着眼睛，似乎这样可以以某种方式加快我那绝望的恳求去往天堂的速度。我聚精会神地祈祷，如此诚心，把之前星期日没有去教堂做的礼拜给补上了。

他手上握的枪就像键盘上的删除键。我整个孩提时代和青年时代所拥有的一部分纯真瞬间被它删除，消失不见了。第一次，死亡对我而言不仅仅是一种想象，更多的是一个现实，突然再变成一种极强的可能性。那天傍晚，那个小偷逃跑时，带走的不仅仅是金钱，因为他一并偷走了我部分精神的纯洁、希望和乐观。这对一个纯洁灵魂的无忧无虑的态度来说，是最关键的转折点。

我依然会回想起当时靠着那根冰冷的水泥柱的感觉。我今天可以开玩笑地说，要不是那些受害者同胞都通过开向一条黑暗小巷子的窗户往外逃生，我有可能还会双手交叉握着，待在那里。我记得我以有史以来最快的速度逃生时，夜晚的冷空气吸入肺里的那种感觉。

青春期那件不幸的事给我留下了伤痕，尽管看不见，但如果那天我中枪却幸存下来，所留下的伤疤都没有这个伤痕大。这就证明，我们大多数看得到的伤疤都与记忆相连，反之，记忆也能留下永久的伤痕。或许，你左手上 3 厘米长的、一直都未淡去的伤疤，是你 13 岁时用美工刀不小心弄伤留下的；你肚皮上那道 8 厘米的疤痕可能是很多年前，做紧急手术取出一个内部器官时留下来。在必要的医疗护理的帮助下，往往也可能没有医疗护理，我们的身体像是被预先设定一般，会愈合外部的伤口，但常常留下伤疤，这些伤疤一直带着的只有痛苦的回忆。

然而，伤痕之下的伤口往往更深，愈合得更慢。我们身体里这些看不到的伤痕，要恢复健康，它们没有优势，得不到保护，得不到药物治疗，也得不到护理，更没有什么敷药的绷带包扎伤口，这些深的伤口不能加以缝合。内部的伤口一旦恶化，其程度是无法遏制的，它们将会向外扩散，就像未经治疗的癌症一般。时间也许可以愈合所有伤口，但伤痕却可能永远留下来。

话已出口

语言是最好的礼物之一，也是我们手头随时可用的武器之一，最致命的那种。如果语言是物体的话，它们的价值能与液体黄金相等，它们的能力相当于最锋利的刀片。然而，孩子唱的那首儿歌却会令人产生误解："棍子和石头能打断我的骨头，语言却伤害不到我。"因为生气说出的话，能切出一道道无形的伤口，血永远无法止住。更有甚者，当我们是说话者而不是听话者时，在特定时候，对其他人说出的特定的话，会带来一定的影响或者悔恨，一旦说出口之后，这些悔恨将永远萦绕在我们心中，不能散去。

“抱歉似乎是最沉重的字眼。”这句老话说起来朗朗上口，但严格意义上来说，却是不完整的。真诚地表达歉意可能不容易，但简简单单说句“抱歉”，然后期待立即得到原谅，也是不现实的。尽管这两个字能够起到缓和紧张、减轻疼痛的作用，但是就这两个字并不能抹掉发生的那些过往，收回说出口的那些话，屏蔽已经听到的那些声音。同时，很多人说“抱歉”，只是为了他们自己，他们随时准备着说完之后，再重复说。这句话的真正意义和目的对他们而言，因为滥用而丢失了。说出一些话之后随时准备道歉，在潜意识里，也给他们开了绿灯，这样他们就可以继续出口伤人。

小时候我们很多人用“重来”这个词。当把球踢出去或者打出边线，而双方在比赛的细节上僵持不下时，有人就会大声喊一句：“重来！”然后比赛得以继续，似乎球出了边线这个事从未发生过。然而，在生命中、在爱情里，都没有所谓的重来。我们不能因为一时头脑发热，或者报复性地说出一些憎恨的话语，然后再道歉就以为没事了，因为话说出口的那一刻就造成了永久性的伤害。有时，我们造成的伤害会立即显现出来，如果我们就是要达到这个目的的话，却也令人满意，而往往这些话语久久不会消散，一而再再而三地让受害者感受同样的伤痛，一连好几年。

伤害的语言和记忆
影响我们是谁，我们是什么……
尽管我们可能永远看不到
它们造成的伤口，
身体却要永久地承受那道伤痕。

与那些消极话语的力量相当的是那些有着积极效果的话语。真心的赞美、认可和支持能够扭转人的一天，改变人的态度，乃至生命。正如消极的话语能够带来持续的痛苦一般，积极的语言所带来的快乐和美好的回忆也能够永远保存下来。然而，我们一定不能把虚伪的问候和真心的赞美与欣赏混为一谈。说一些不真诚的赞美来打破谈话中的僵局，或者那些不真诚的问候，可能会带来短暂的积极反应，别人会点头或者微笑着回复你，但是真诚就像晚上的灯塔所射出的光。那是真诚地钦佩、祝贺和支持时所说的话，它们有着奇妙的、积极的影响，对说话者和听话者双方都产生互相的影响。

认可

认可的话能产生也许是最简单却最无价的话后效果。每个人都喜欢被欣赏。不管承不承认，人们乐于看到自己投入的精力得到承认。哪怕是一丁点儿感激之情也有可能深深触动一颗心，远不是语言可以表达出来的。与别人分享谢谢或者干得漂亮，真诚地说出这几个词，产生的效果往往是永恒的。

我丈夫和我在早些时候就领教了这些话影响力的强大之处。在我们训练第一个孩子，让她学会自己上厕所时，一旦她按照我们教的去做，我们经常说："乖女儿！"我们相应给予的赞扬和认可，以及她每完成一件事时我们的表扬，很快就证明是一个有效的方法，同时再次坚定了我们作为年轻父母的信心。有一个早晨，还在训练中的女儿走过洗手间，听到马桶冲水的声音之后，她突然停住了，站在走廊上一动不动。我好奇地看着她安静地站在洗手间外。洗手间门打开，爸爸走了出来，她立即热情拍起手来，一边大声地叫道："乖女儿，爸比！"

赠予者

每一个你见过的人、要见的人，或者还没见过但听说过的人，都是一个赠予者。每一个朋友、敌人，每一位同事、家人或者偶然相识的人，都是编织到你生命结构中的每一个节点。一些赠予者会永远留在你的生命中，有一些只会停留一个星期，而一些可能只出现在某个夏天。然而，每一个赠予者都给你的生活带去一个或者更多的礼物，而生命中这些礼物的投入最终会创造属于你的记忆，塑造你的观点和看法，教给你一些宝贵的教训。赠予者就像雕塑家大联合，随着生命旅程的继续，会不断塑造我们的生命。

在正确的地点、正确的时间，所有的人、所有的人生体验，不管是积极的还是消极的，都会在你的一生当正确的时间和正确的地点发生……因为你就是这一切的成果。如果没有这些发生在你身上的事情，不管好的还是坏的，你将不会是现在的你。人生中，每个人最终都扮演着老师和学生的角色。作为受赠者，我们要时刻知晓，作为受赠者同时，对别人来说，我们也是赠予者。

我经常在思考，在我短暂的一生中，这些赠予者给我的大脑慢慢灌输了什么。我的前老板艾尔·芬奇告诉我，“几乎”所有事情都是可以商量的。我母亲口头上对我做的最大的贡献就是她相信，并且不断重复地说：“东西不过是可以被替代的材料。”我兄弟比尔对我的帮助就是，不管情况有多糟……保持微笑非常重要，如果能让你开心的话，就大声唱出来。（不管对别人来说你的歌声有多么烦人。）我父亲用实例教会我，怎样带着尊严生活、死去。我的兄弟吉姆以自己的生活告诉我，造物主是个好人，而约翰告诉我，保持持之以恒的毅力更加重要。

然而，不是只有人才可以给我们的生命做贡献。动物、大自然和其他生活途径也可以让我们感受、体验这些贡献。玫瑰的芬芳、日落的余晖、小猫的叫声、小狗可爱的蹭一蹭你、熟透的桃子那新鲜甘甜的味道，这些都以它们自己的方式给我们的生活做着贡献。

想一下你生命中的那些赠予者，甚至那些回忆起来并不美好的赠予者。专注在他们留下来的捐赠礼物上，不管是积极的还是消极的。将这些捐赠予你生命中不同的部分联系起来：经验、决策、结果、路径、想法。想一下你给别人捐助了什么，还将继续捐助什么。要意识到你的行为对那些接受你捐助的人造成了怎样的影响，将要造成怎样的影响。

你的生命是一张未完待续的画，
每一天都加入更多的色彩，
一笔一画都来自
你生命中沿途遇到的所有人。

ON 关于时间 TIME

邀请

随着生活的继续，我们都会收到邀请函，邀请我们出席各种场合和活动。大部分邀请请我们及时给予回复，这样主人就可以相应地计划整个活动。基本上，我们可以选择去，并在日历上标记出来，或者，如果之前有计划好的安排，可以选择不去，或者随便找一个理由选择不去。

可是近来，我开始以不同的眼光看待这件事情。我专注于我称之为“生命邀请”的概念上。我突然意识到，我的生命一直在给我发出私人的贵宾邀请，邀请我去体验生命提供的那些欢乐、美好和无穷无尽的奇迹。在我有这个新的看法之前，很多这样的邀请我都没有给予回复，甚至很多次我都没有意识到它们的存在。现在，我发现它们俯拾即是，在真正意识到一些邀请时限很短，另外一些邀请十分重要之后，很多时候，我发觉自己要被迫积极地回复这些邀请了。

如果生命以有形的邀请函形式给我们发出邀请，这些邀请函会用羊皮纸书就，包在闪闪发光的银箔信封里，上面用金色雕着唯一的选择：“受邀。”每天早上我们醒来，生命赠予我们的每一天的每一小时中，在每一次日落之时，这些“邀请函”就在那儿耐心地等着我们回复。这些邀请函可能不是发到我们门前的邮箱或者电子邮箱里，但这是一些生命派对的邀请函，诚挚地邀请我们参加。

当它们默默地呼唤我们去探索、去发现、去体验、去感受生命本身时，它们是微妙的、不起眼的，一旦认可，却也是十分明显的。然而，我们的生活越来越忙碌，我们承受的责任越来越多，我们计划安排的截止日期越来越多，我们自己越来越没有时间去检查我们的“收件箱”。

一朵盛开的玫瑰给每一个路人发出邀请，邀请他们停下来，尽享玫瑰花瓣的芬芳。夏日的一场细雨给我们发出邀请，邀请我们去体验滴到我们肩上的每一滴雨水。秋叶给我们发出邀请，邀请我们去尽情欣赏叶子那奇妙的色彩，去见证它们必然离开树干时那一场优雅的芭蕾舞表演。每一个日落、每一次日出也给我们发出邀请，邀请我们带着敬畏去观测太阳落下地平线，代表着一天的结束；太阳从地平线上升起，代表着另一天的开端。小孩子的欢笑能温暖哪怕是最冰冷的心，只要我们驻足，集中我们的注意力……不只是去听，而是去用心倾听，

在生活中走马观花、浮光掠影，与真正体验生活还是有差别的，而且是极大的差别。那是简单地听到和用心倾听之间的差别，是触摸与感觉之间的差别，是吃和品尝之间的差别，也是随波逐流与努力划向目标的差别。

如果对于生命的邀请，你的第一反应便是，不去，请诚实地问自己：为什么不去？是什么原因阻止你不去投入给你带来欢乐的事情中呢？是因为时间限制吗？是因为你要完成的任务清单包含了太多无关紧要的承诺吗？是不是到了用“删除”键来重新调整你任务清单先后顺序的时候了呢？是不是应该对那些过分要求你时间的事情说“不”了呢？

随着我们年龄的增长，每一年的时间似乎都带着魔力，开始加快速度，我们意识到，更多、更积极地参与这些特别的邀请有多么重要。生命的馈赠是无穷无尽的，我们需要一个一个地接纳它们。我们已忽略的那些邀请，我们选择不去参与的那些时光，在我们肩头上，变得更加沉重，并伴随着悔恨。我们意识到，我们活着的时间越长，剩下的时光就越短，利用每一个机会在生命之海中畅游，比之前任何时候都要重要。

曾经有人幽默地将生命比作一卷卫生纸，用得越快，就会越快用完它。每一个人，随着他们慢慢变老，到了一定时候都会一致认为，这个说法更像是一个事实，而不再是一个幽默的笑话。

Live Your Dash.

明天的昨天

我们为每一个昨天的逝去而悲伤，
因为逝去就永远消逝了，
而我们理所当然地认为自己能继续生活，
看到另一个日出。

时间之轮急切地向前滚动；
尽管我们可能恳求，但它从不停留。
虽然触摸不到，当时间从我们指间悄悄溜走，
我们依旧感受到它的存在。

时间之轮无情地继续向前，
正如无药可治的疾病，
同时我们期待明天的到来，
似乎它本来就属于我们，毫无疑问。

每一秒钟有节奏地滴答作响，珍贵无比，
我们走路时……欢笑时……睡着的时候，
慢慢积累，一秒变成一分，
我们享用，却从未能留住它。

今天就在这里，仅此一次，
这是生命的恩赐……只是借给我们，
因为很快，它就会变成昨天……

就像它也曾是某一天的明天。

时间积分成时，积时成日，
这不是秘密，也并不神秘……
我们的“现在”，反过来会变成我们的“当初”
……成为生命历史的一部分。

为了今日而活……为了“当下”而活，
创造能持久的记忆；
将你当下醒目的颜色涂抹
于你过往的帆布上。

不要把你的希望和梦想延期，
不要说：“当……时候我就会开心……”
抓住正在消逝的每一分每一秒，
因为你不能再次拥有它们！

学会品味这二十四小时，
一分钟都不要耽搁，
因为很快它们就将永远成为……
明天的昨天。

3A（年龄、意识、欣赏）

年龄（Age）、意识（Awareness）和欣赏（Appreciation）。生命将这三样东西赐予我们之时，就是按这个顺序来的，并且，即使在获得之后，其中任何一个如果没有加入前者的经验价值，其功能也不能完全发挥出来。

年龄：我们无法获取，也不能选择；我们大部分并不急切渴望得到它；不管我们怎样试图忽视它，却总是失败，它也一直存在于我们的日常生活中；极大程度上，我们投入精力和时间与其对抗；年龄是生命永恒不变的发展。依附于时间的是——成熟——以不同的程度、在不同的阶段、在不同的人身上发生。有一部分人，有着超出他们年龄的成熟，而另一部分人，不管是自己选择还是命运的安排，从未获得与其年龄相称的成熟程度。

意识：没有一定时间对众多经历辨识的历练，无法获得。这是年龄不断增长与不断成熟过程中所带来的小到无法察觉的副产品。每一个意识的产生都来源于对一个全新见解的领悟，并不在人的意料之中。在任何改善生命的策略得到实施之前，经历不同意识形态这个过程是一个人必经的、基本的、必不可少的、势在必行的步骤。意识是潜意识努力的结果，自然而然地发生，不自觉地产生，当一个人突然间了解了真相，由此，他将不再扭曲事实。

欣赏：随着我们更加意识到生命这张拼图是如何慢慢拼起来的，我们经历了一些顿悟，恍然大悟时会发出“啊哈”，我们经历了一些瞬间、意识上的觉醒和突然间的明晰，它们就像爆竹一般，在我们脑海中绽放开来，在这之前我们将无法完全领会欣赏。

我不认为，青春，如果没有岁月的积累，也不会有意识，不会懂得欣赏；但是，当我们不断累积经验，不断意识到不同生命课程的价值时，欣赏必定变得更加明显。

年龄、意识和欣赏，只要我们活着，每一天它们都以这个顺序在发生、在深化。简单来说，我们年龄越大，就越能意识到，我们必须欣赏所有这一切。

“现在，相对于今后每一天来说，你是最年轻的。”

“现在，相对于以往每一天来说，你是最年老的。”

怎样才能同时达到最年轻和最年老的状态呢？这就是生活和生命的神秘之一。你是怎样诚实地看待你“破折号”中剩下的时光的，据此来考虑一下这两种看法吧。如果基于你今天对生命的感受，必须二者择其一，你会选择哪一种，是认为自己是以后每一天中最年轻的，还是认为自己是以往每一天中最老的？在你生活中，你会倾向于用哪一个观点呢？你必须改变你心中哪些观点和看法才可以将这个倾向变为事实呢？又是什么在阻挡你去改变呢？

时间小偷

尽管我们允许它们占据我们部分的宝贵时间，它们的行为仍然可以构成盗窃！它们不仅贪婪地占据我们当下的部分生活，这些无赖中有一部分还将继续抢夺我们的时间，年复一年。只要我们允许它们这么做，它们的盗窃行为将一直持续。这些小偷能抢走我们当下那满足、快乐的时间。不知以怎样的方法，它们可以做到立即用愤怒、压抑的时间来代替那满足、快乐的时间。单独时，它们不显眼，毫无重量，但是却可以出奇地强大。结合在一起时，它们可能有毒。尽管它们也具备惊喜的要素，要阻止它们，我们并非毫无防备。秘密就是第一眼看到它们出现，就将其立即扼杀，因为它们能毫无限制地徘徊，徘徊时间越长，它们能变得更大、影响更深，也将偷走更多宝贵的时间。

自责和悔恨，就像阴魂不散的幽灵，能够不断缠着你，不分昼夜。

不放下，就永远驱逐不了它们。时间小偷控制了你的良知，拒绝松手。它们直接对眼泪和那些不眠的夜晚负责，我们最不希望它们出现时，它们悄然出现，我们还未意识到，我们就已让出更多的“现在”，任由它们贪得无厌地掌控。宽恕和仁慈是它们的敌人。心中不断赦免它们，纯净地赦免，不带任何条件，通过这样做，终将能削弱它们掌控我们的力量。

担忧是最坏的时间小偷，因为它要花时间为可能或者永远不可能发生的事情苦恼。就好像我们已经开出一张以担忧为抬头的空白支票，被一次又一次地兑现。我经常读到，担忧就像是给一笔贷款交利息，而这笔贷款永远不会到期。不要让明天还处于假设中的问题，导致今天有限的欢乐被减少！

挫折是最顺从的小偷，因为它经常可以预料，更多时候等待着它的到来。我们知道什么东西会给我们带来挫折，但是，我们却纵容自己的行为，让这种偷盗继续发生。挫折不过是烦恼、麻烦和恶化的顶点。包容、接受和耐心是挫折的敌人。这三个都利用上，就能消除挫折，夺回我们被偷走的时间。

怨恨是所有小偷中最卑鄙的。我们就是它的受害者，损失的不只是我们的时间。它完全不具备理性的思考或者怜悯之心，却有着充满敌意的力量，通过夺走我们的理智来窃取我们的时间。当然，要反抗怨恨这个小偷，我们需要用爱包裹它，直到它像糖一般融化。只有当我们真正意识到它那摧毁性的潜力时，我们才能在它那攻击的爪子刺穿属于我们的安宁时，辨别它，并把它毁灭。怨恨这个时间小偷是万恶之源。当你任由这个恶人进入你的内心，那么它将窃取你欢乐的时光、你的朋友和你所爱的人，并把他们像燃料一般烧毁。

愤怒可能是最无用、最没有效率的时间小偷。像其他时间小偷一般，它从不留下任何积极或者有价值的东西。它没什么用，只是提供一个渠道，让自己的兄弟姐妹——自责和悔恨最终现身。它就像一头饥饿的狮子，突然从某个地方跳出来，发动猛烈进攻。它经常藏在阴暗处，等待机会的到来，或者等着哪个不幸的对手抬起他们丑陋的头。无人看管时，它有潜力渗透到你生活的每一个方面。它能造成多大的伤害取决于在它永远消失之前，你允许它徘徊的次数。理解是愤怒的敌人，体谅是它的对手。

不满足，一直走在我们未选择的那条路的阴影中，是主要的时间小偷。它的作用就是在精神上使我们筋疲力尽，阻止我们体验感恩和平和。带着不满足的心态度过的每分每秒都被浪费了，没有活在当下，而是活在过去或者想象中的将来。感恩是不满足最大的敌人。

练习使用这些简单的反抗步骤，以阻止这些小偷，重新获得他们试图从你手上夺走的时间。以敌制敌。

- 原谅他人、原谅自己，阻止自责和悔恨。
- 专注事实，而不是假设，以消除担忧；只看今天当下怎样，不看明天如果怎样。
- 通过宽容、接受和耐心来避免挫折。
- 用爱和怜悯之心融化怨恨。
- 以理解和体谅避开愤怒。
- 用感恩摧毁不满足。

莉莉的石头

有时候，生命会以微小、微妙的方式教给我们极好的、巨大的人生课程。我的金牌猎犬塔克，在生命巅峰时，体重将近50千克。每天，只要它最喜欢的人进到我们后院，它都会给他带去一块很大、很重的石头。那些经常来我家的人，习惯了这一不寻常的问候，并学会当心自己的脚趾头，因为他们知道塔克会把这些鹅卵石直接扔到他们的脚上，这一举动都是带着爱意的。你可能会说，我们都适应了把它这一爱的表示看作理所当然。你在房间里休息，塔克在外面，它有时会把它的“每日一抓”扔在凉台的木板上，砰的一声响，吓人一跳。刚开始的几个星期，我们还会调查声音是哪里发出来的，但是后来我们学会了识别这熟悉的声响。

我最小的狗，莉莉，就算全身的毛都浸湿，也只有5千克，它是塔克最忠实的粉丝。它把塔克当作偶像，观察塔克所做的每一个动作。有人说，狗是不会表达感情的，但是我不这么认为。我不止一次亲眼看到塔克进入房间时，莉莉那张小小的脸上露出的喜悦之情，眼睛都睁大了。当塔克躺下，与它同一高度时，它会利用每一个机会去“亲亲”塔克。塔克站起时，它会尽可能在塔克下巴下站得高一些，拼尽全力想引起塔克的注意。有莉莉在身边陪伴，塔克从未表达过厌烦之情，但不幸的是，莉莉从未进入它的关注范围。

动物彼此间建立的友谊一直让我着迷，还有那因此而发展出来的喜爱和依恋也是如此。随着时间慢慢过去，我开始观察莉莉，就像它专心致志地观察塔克一般。我发现，没过多久之后，它开始模仿塔克独一无二的捡石头的习惯。它一声不响地冒险出门跑到后院，很明显，那里聚集了“最好”的石头，它会尽全力试图带回来一块大的石头，跟塔克认为最值得带回来的石头很相似。（我不知道被选中的石头具备怎样的特质，但是因为一些不知道的原因，塔克在选出自己最中意的石头之前，真的会对这些石头“查看一番”。）有很多次，塔克扔下一块大石头之后，莉莉会试图叼起它扔下的战利品，决心就像一只积极的海狸。但令它沮丧的是，它张开嘴巴也只有一颗小李子那么大，永远不可能把石头叼起来。然后，莉莉很明显失望了，带着受挫回来，却没带回石头。

时间慢慢过去，这一明显的人生课程展开在我面前，我观察着，学习着，这堂人生课程是这个黑白相间的小毛球教给我的，它有着一双不屈不挠的大圆眼睛，却还没有一只保龄球那么重。莉莉，以它无穷的智慧，最终学会了去适应、去克服困难。它寻找并叼回来的石头，我现在亲切地称之为“莉莉的石头”。至今，它成功地在没人注意的情况下，定期带回一些小石头，就像它看着塔克这些年来不断带回一些大石头一样。它每一个小奖品都比鹅卵石要大一些，却比婴儿的拳头要小一些……刚好是它嘴巴那么大，不会太重，这样它可以毫不费力地叼着石头穿过院子，走上台阶。

每一天，我都能在房间地板上的角落发现小石头。浴室里有。卧室里有。现在办公室里也有。我觉得，这些石头虽小，但却很重要，是很有策略地放在那里，随时能够提醒我，应该以莉莉为榜样，一小口一小口地享受生活。我知道，我可以迎头直面问题和困难，哪怕它们形如巨石——如果我记得贪多嚼不烂这个道理的话。我也知道要去了解：去了解自己的极限，接受生活中只有莉莉石头般大小的麻烦，不要企图一次性解决所有的问题。这样的话，我就能以更高的效率面对并战胜这些麻烦，压力也要小很多。

有一句名言，我之前经常在演讲和故事中提到：“生活不易……一码一码前进有点难。一寸一寸呢？生活就是小事儿一桩了！”现在，随着我不断对自己和别人说“对待生活要像莉莉的石头一样”，我重新将这个概念书写了。如果生命像一块巨石出现在你面前，那么，一点一点来。

主要专注于你当下可以做的而不是将会发生的事情上，把每一个任务当作一个部件，而不是一个最终的产品。这样，在追求实现大目标的征程中，你就可以定期实现一些小的目标，建立自信，激发毅力。

先人一步的秘诀是起而立行。起而立行的秘诀就是
把令人窒息的复杂任务细化成可操作的小
任务，然后开始做第一个。
——马克·吐温

品 味

往往，一个简单的或者寻常的事件，能将我写的诗和故事完美地阐释出来，通常它们也是由这些事件激发出来的。有一天我坐在书桌旁写作，很快便陷入了深深的沉思中。我低下头，有那么一小会儿，茫然地盯着地板，可能试图在释放一个我正努力想表达的灵感。我的余光瞟到有什么东西在动，看过去发现是我们的猫：星期三。（我女儿负责给我们养的小动物取名字……）在这寒风凛冽的日子里，这只猫发现窗外洒进来的一束阳光。我着迷地看着它，它真正意义上将这束阳光全部吸收了。细细品味原来能达到这样一种程度，我知道，它也知道，这束阳光不过转瞬即逝。它在温暖的阳光中滚动着，天真地在地板上走过时，明显可以看出，它为自己所发现的感到十分开心。它闭上双眼，将爪子尽可能伸展开来；躺在地上，感受温暖的阳光在地上留下的温度。我发现看着它，我也在微笑，与它一同享受了这个下午，如珍宝一般。我想知道，每一天我匆匆错过多少事情，而没有停下来去细细品味。

Live Your Dash.

品　味

减速，直到可以去享受……

可以去欣赏、去为之欣喜……去尽情品尝；

品味，就是体味区别

吃和品尝味道之间的区别。

充裕，但难以捉摸；
生命的瞬间就在这里，供你拾取。
然而，它们不能保留，
不能绑住脚，也不能捆住手；
它们是仍在创作中的回忆。

通过那没完没了的任务和差事，
我们的视线变得模糊，
直到我们再也看不见，
每一天都应该
被真正享受，而不是忍受。

每一天似乎成群结队地飘过；
随着时间，有节奏地，往前赶……
当我们意识到它们来过时，
它们已经永远离去了。

慢慢品味所有的瞬间；
去欢笑、去爱、去生活、
去微笑、去哭泣、去放手、去拥抱，
去分享、去接纳、去给予。

将生活视为一块干燥但多孔的海绵，
它会吸收、扩大、增长；
让生命的馈赠填满每一个孔洞，
直到它们溢出来。

On 关于遗产 Legacy

Live Your Dash.

另一头

科技令我惊奇不已……
它已进步到如此程度，
我想知道我们的未来是怎样；
下一个待改善的又是什么？

是否有一天我们也将踏上
遥远的土地，
去冒险，
远远超出我们的极限。

去往一个地方，
那里没人曾真正见过，或去过，
我们所爱之人的灵魂正在那里等待着我们，
没有他们，我们还能继续生活？

如果我还活着，
当并且如果
那荣耀的一天
奇迹般来到时，
我将做什么；我将说什么？

对我来说，你应该已经不同，
因为你的死亡曾是一场新生；

躯壳，已永远消失，
你的灵魂曾寄居在此，
当你还在地球上行走时。

但我能感受到你的存在，
在这场迟到的相聚中，
不管你可能以怎样的面容出现在我面前，
我知道，
我就知道
那就是你。

首先，我会告诉你，我爱你！
如果你走时仍有疑问，
如果我可以，我会双手环绕你的脖子
给你一个我魂牵梦绕的拥抱。

然后……
我会问一些问题，
你说的每一个字我都会理解，
我会问所有一切我想知道的，
从你离开的那天起。

你有触觉吗？能品尝出味道吗？
你有自己的感受吗？能去爱吗？
你的感官仍旧完好无缺吗？
你能感受吻在
你脸颊之上的温柔吗？
我们能互动吗？

那是不是一场奇妙的旅程，
自从你走完生命的最后一刻，
不再感觉到痛苦或悲伤……
不再受到死亡的影响？

你现在是隐形的吗？
你的思想和灵魂何处安放？
你的名字是否用金色书就，
在天使的那本神圣名册中？

你是否是一道耀眼的光，闪耀着
属于你自己的彩色光线，
不再用分钟、小时、天数
来衡量你的存在？

是否那些日期、最后期限和时钟的
界限和限制
已被金色的门所代替，
不带把手、钥匙或者门锁？

你有……你能感受到情感吗；
有时候欢乐……有时候更加悲伤？
你是否日出而作、
日落而息，
或者，时间甚至还重要吗？

是否重温我们一起度过的岁月

和我们共享的时光？
能帮助减轻我的痛苦，安慰我受伤的心灵
并且填满这空虚？

抑或我那深埋的伤痛
被痛苦地再次挖出，
如果偶然，或者奇迹发生，
你的世界，与我的世界，碰撞到一起？

是否我能再次感到完整；
重拾在生活中的姿态，
换掉生活拼图中
就在你消失的那一天丢失的那块拼图？

有一天，一切都将自有道理；
我在哪里，
你去过哪里，
当在这一头，或者那一头
我们再次相聚之时。

随后的哀悼

我接触死亡和濒临死亡这个话题，就跟验尸官或者葬礼督导一样频繁。我是《破折号》的作者。尽管，正如我曾提到的，我写这首诗的目的更多的是为了反映生，而非死，但是最终两者之间的关联却是无法避免的。我的诗和葬礼（对生命的庆祝）现在紧密联系在一起，正如生与死一般。

这些年来，作为《破折号》的作者，我所走过的人生旅程，让我变成了一个更加现实的人。尽管这首诗言辞简单，但是它一直就是一个媒介，通过它我不知不觉地直面死亡的恐惧，并战胜这些恐惧。每一天，我醒来就能收到别人发来的一个语音邮件、一封电子邮件或者博客上的一个帖子，与我分享他的挚爱那短暂一生的故事，每天如此，毫无例外。通过别人的经历，我了解到悲痛和悲伤，我学会了更深入感激时间这个礼物和生命这个礼物。

亲身经历过死亡和失去亲人之后，我才对我的读者有了怜悯之心，但也不是完全的同理心，这一点跟生命中其他的一切很像。直到我近距离观察到，死神如何高效地在我一位挚爱之人身上履行其职责时，我才完全意识到生命终结所带来的冲击，以及随后哀悼的重要性。一小时之前他还在这里，一小时之后就永远离开了。就在那么一瞬间，一个生命就终结了，也将永远改变另一个人的生命。我几乎还是不可能看透从生到死之间的瞬间转变。这个概念持续让我困惑不已，并且影响了我很多作品的主题。

在我定期收到很多信件，诉说人生的结束，我开始觉得自己更像一个顾问，而不是一位作者。我感觉内心渴望给予他们积极的回应和安慰，这些人在与我分享他们的故事之时，我们之间就建立起一种临时的、虚拟的亲密关系。似乎这是一个加在我身上的义务，一个我不能忽视的义务。然而，为了提供更多的帮助，为了在我的回复中给予更多的同情，我需要做一些调查研究，多了解悲伤的几个阶段、对失去亲人的反应和复原的步骤。对我而言，似乎有专家把这些问题都解决了。

拒绝、愤怒、妥协、沮丧和接受。这是最常说的悲伤的五个阶段。尽管很多专家坚持认为，这五个阶段都经历之后，方能痊愈，我却认为每一个人都有他自己的应对机制。悲痛应该是独特的，正如我们的生活一般。悲痛的过程就好比坐过山车，总是突然间上上下下、起起落落，让人预料不到。如果我们学会不去对抗那些必然会出现的情感，而是顺其自然，顺从这些情感所带来的各种感觉，那么忍耐这个情感的起落会容易得多。可以短暂地放纵一下自己。尽情哭泣，直到眼泪之井干枯。有些人在遭受失去之后的反应跟书上所说一般无二，会连续经历悲伤的几个阶段，而有一些人只经历五个阶段中的三个。每个人都不同。死亡引起的这种失去的感觉，笼罩了一切，让人难以置信，让人痛彻心扉，直至麻木。如果你忍让，它们能在你的灵魂上留下一个黑洞。悲伤的共同点就是痛苦，缓解这种痛苦最好的治疗便是时间。时间这个药膏能帮助伤口愈合。然而，至今没有一种药可以去除留下的伤疤，因为如果抹去伤疤，那么连同那些回忆也将一并带走。

现在，对那些与我通信，谈论“破折号”的人，我给予他们的是那些在悲伤过程中帮助过我自己的：拒绝否认。不要永远停留在震惊阶段。允许你自己去体验那种痛苦，因为它让你痛苦，但是它让你痛苦是有原因的。你推迟去接纳这种痛苦的时间越长，你接受这个事实花的时间会越长。直面你的感受。让它们尽管放马过来。这是常有的事。你无法改变发生的事实。明天太阳将照样升起，你必须找到一个办法让自己随着日出一同再次站起来。不要压抑自己的情感。释放自己的感情。那些无法理解你目前的情绪状况是如此难以预见的人，配不上朋友这个称呼。

身体上，你必须立即向前走，因为生活必须继续。然而，精神上只有当你知道自己准备好了的时候，你才能继续向前。不要忘记最重要的一件事情，那就是，这种强烈的痛苦不会永远都在这里。要提醒自己，如果你能确定某些事情仅仅只是短暂存在的话，那么你就能经受得住任何事情。时间是最好的医生。我不会撒谎，时间能完全治愈伤痛。一段时间之后，你还是能感觉到那种伤痛。但是，就像被蜜蜂蜇了一口，最开始的剧痛会慢慢减缓，接下来就变成更像是一种可以承受的痛，一种独特的渴望。温柔和爱的回忆开始填满你心中的空洞，直到你不再回避它。回忆往事，精神上去看望那颗受伤的心，会变得更加让人愉悦，而不是烦恼。生活，确实，总要继续。

专注于你爱的人身后留下的遗产。他们留下的爱的遗产、欢笑的遗产和他短暂一生那些特殊的细节，由你去记住、去珍惜，让它们保持鲜活的状态。不要因为一段记忆不在了，就在脑中熄灭那盏代表那段记忆中的灯。让这盏灯永远发光。还要花时间专注在你自己的遗产之上，考虑一下，有一天你可能为他人在身后留下什么。要意识到，今天你做了什么，明天记忆中就是什么。书写你生命故事的是你自己。让这本故事书成为最畅销的吧！

Live Your Dash.

记得我

我离开你已有一段时间，
我也知道你心情沉重。
这么多年来，我们一直都是彼此的挚友，
在你眼中，我们现在却分开了。

尽管可能是真的，我那慵懒的双脚
不再踏上这片土地，
只有你才能真正证明
他们踏出怎样的步伐才有价值。

现在要意识到，
如果选择让我走，我才会离开……
如果在说出我的名字时你会迟疑，
或者在回想往事时你也会迟疑。

如果你拒绝记起我的面容，
因为它给你带去痛苦，
那么我的生命、我的爱、我的欢笑
将都徒劳。

我知道你想念我，
你脸庞上滑过那不变的眼泪告诉了我，
但是你哭泣的泪水不是为我，

因为我到了一个更美好的地方。

我不再遭受痛苦。
我感受不到痛楚，也感受不到忧伤。
我向前走，来到这个美丽的地方，
今天和以后的每一个明天我都将在这里度过。

所以听到我们的笑话请继续欢笑，记住我们在一起的岁月，
无拘无束地说出我的名字。
如果你将重温我们在一起的时光，
那么它就不会结束。

拥抱我们曾分享的东西；
再次去往我们去过的地方。
让我活在你的心中，
那么我永远都不会再次死去。

是的，生活不会与以前一样，
绝不会与以前一样，
但我将永远在你身旁，
如果你永远都记得我。

是你吗？

我撰写了《是你吗？》这首诗，我相信，我们失去的挚爱偶尔可能会发送给我们一些“信号”，让我们知道他们仍旧远远地参与我们的生活。这也许只是我灵魂中的乐观主义在作怪，或者也有可能源自我内心仍不愿完全放手与朋友和亲人之间建立的那种关系，虽然他们已向前走去。

这个想法的完美例子便是一张照片。我父亲几年前去世了，生前他很喜欢钓鱼。对他而言，钓鱼不仅仅是一个爱好；钓鱼是他生活的热情。去年，与友人去一个蝴蝶保护区，我开始与他聊起那些“信号”，我十分相信那些信号就是父亲在走后发送给我的。朋友被这个想法所吸引，而我觉得他并没有完全被说服。毕竟，对一些人来说，这个说法听起来有点耸人听闻。“我认为起码我们应该对这个想法持开明态度，要是有一个信号出现在我们面前的话……”我话音刚落，转过头就看到头顶树枝上落着一只蝴蝶。我快速抓过相机，看看自己是否能捕捉到这个瞬间，向自己证明，我大脑认为自己当时看到的东西确实就在这儿。我需要一张照片，给其他人看，因为我也好奇，我的朋友和家人能否发现这个我发现的奇迹。请仔细看照片左侧，这个蝴蝶的翅膀顶端……你有没有看到一个鱼头？有人看到了，有人没有。

可能这是个巧合，也有可能只是侥幸。不管哪一种，想到可能……仅仅是可能，我最喜爱的渔夫仍旧在我身旁，我便感到慰藉，感到舒心。

Live Your Dash.

是你吗？

我们痛苦，我们悲伤
当我们失去所爱之人时
这样的想法能给我们带来慰藉
相信他们是得到了来自天堂的召唤。

但很多时候我对
自己所做、所看到的事情充满了好奇
这是否是他们努力想以某种方式让我知道
他们正在注视着我。

每一天我都更加相信
意外只是碰巧发生，
不会是巧合
或只是简单的偶然。

而且我将发现自己想知道
是否每一个事件都是一个线索，
或者是否我应该敢于考虑去问
这个问题，“是你吗？”

那鲜艳的花朵是你吗？
立于一堆杂草之间
或者是那道阳光照在我
玻璃杯上反射出来的多色光谱？

那束阳光是你吗？
我感到背上的温度
或者是最闪耀的那颗星星
当天空渐入黑夜之时？

盘旋落去的秋叶是你吗？
被微风捕捉到
或者是那片点缀了我的道路的叶子
当我从树下走过时？

那突然出现的信号是你吗？
当我似乎已经迷路之时，
或者是那一片湛蓝的天空
透过暴风雨的乌云俯瞰下面？

那只孤独的蝴蝶是你吗？
在季节到来之前就出现了
或者是路过陌生人的微笑
不为任何理由给我的微笑？

这些特定事情的发生
以某种方式平静了我的悲伤和恐惧。

因为尽管你已离开，它们也许是你
告诉我你仍旧在我左右的一种方式。

盒子

有一天，我把后面一个衣橱里的东西清理出来，在最上面一格，我发现 3 个大盒子。我立马认出它们，我慢慢地深吸一口气，将它们从架子上拖下来，过去五年里，它们一直待在那里，无人打扰。我小心地解开胶带，我清楚地记得我把盒子带回来的那天，就给它们贴上了胶带。在我把胶带慢慢贴在每个盒子的边角和缝隙处，牢固地把它们捆在一起时，我的眼泪就滴在了这一条条胶带上，直到现在，我准备将这些箱子再次打开，带着更清晰的头脑来检查里面装的东西。我想，那天我肯定也在试图将自己所受的伤害和痛苦封存到每一个盒子里，以“遮蔽”自己的感情，虽然我没有成功，而这个东西就叫作“遮蔽胶带”，这是多么讽刺。

我打开第一个盒子，仔细查看黑白相片、文档和文件。我看到一张纸的一角，我认出来了，因为上面有我的笔迹。我把它从盒子里拿出来，读起来，我发现那是我 13 岁时写给父亲的一首诗。

“爸比，我知道肯定很艰苦……看着你的小女儿长大。告诉你认识的所有人，你把我从像小狗一样小养大成人了！”

每次我回想起他说这个小笑话时，声音中都充满笑意，这时我也会咧开嘴大笑。我记得有天晚上，我很晚没睡，都在写这首诗，然后把诗放在他的午餐盒里，第二天他打开午餐盒就可以读到这首诗了。现在我很好奇，这首诗他保存了整整三十年，在这期间，他多久会读一次。然后我又往箱子里看。我匆匆看了看他的护照、一些银元和一些老板给他的衣领别针，那些别针代表他为公司效力了十年和二十年。我发现了一张老的钓鱼执照、一些账单、收条、生日卡和信件。我凝视着他去世大概一个月之前我给他拍的照片。我问自己，在地球上生活了 74 年，这些时间最终被装入这三个盒子里，这怎么可能呢？然后，我意识到，父亲身后真正留下的东西远远超过了任何人能在任何盒子里装下的东西。即便可能：如果爱、指导、支持和保护都是可以触摸的实物，那么永远不会有什么盒子大到可以装下他给予我的所有的一切。

盒子里的东西，书面记录了父亲从1930年至2004年的足迹。从这些内容来看，任何不认识他的人都能弄清楚他的财政状况、有多少个子女、旅行去过哪些地方、一生中住过的房子在哪里，但是这些都不能代表他真正是怎样的一个人。我意识到，盒子里的东西其实并不重要。在父亲留下的遗产中，最重要的是我现在仍然每天都带在身边的那些东西：在我脑海中大声重复的那些话语所教给我的人生课程，他要求我对别人的尊重，不求回报地给予孩子的爱和情感，哪怕在最困难的情况下也能保持幽默感，看到有人遭受痛苦时我的同理心。

那些是父亲留给我的一部分“东西”。也许那就是为什么这样的东西注定是无形的原因。如果它们是我们能看到、能握在手里的有形实物，它们可能会被严严实实地封存在盒子里，置之高阁，每五年翻出来看一次，而不是被记在脑海中，每天都拿出来用，真正在一个仍活着、仍在呼吸的人的心灵深处。

看完盒子里的东西之后，我发现自己还是没准备好扔掉这些盒子，可能我永远也无法准备好这样做。因此，我重新把它们封起来，放回衣橱里。但这次，我把它们放在一个低些、能看到的架子上，以便随时提醒自己，提醒自己父亲教给我的最重要的课程：我应该努力生活，确保自己给后代的遗产不仅仅是一笔金钱，等着有一天我爱的人将其瓜分；我应该努力生活，确保身后留下的东西能被我认识的人和我爱的人记在心里、刻在回忆里，成为他们自己生活中重要的一部分。

那天，我发誓，我将来给我爱的人和朋友留下的东西绝不仅仅是能够被打包封存……到盒子里的那些东西。

Live Your Dash.

我并非不能释怀死亡，
也不会期待这一天的到来，
但是我不愿意我的悼词
念起来如简历一般！

它不夸耀我的成就；
也不拔高我的生活——
将所有的长处夸大，
将所有的缺陷隐藏。

在场的每一个听众都很了解我、
爱我，只是因为
他们都是我的家人和朋友，
所以……它本来怎样，就怎样诉说吧！

明日前夜

很多年前，我第二个上小学的孩子在假期结束之后不久给我上了宝贵的一课。1 月的一天，我工作之后，去学校的课后辅导项目（虽然叫作课后辅导项目，但孩子们经常称之为“课后监狱项目”）接她回家，然后开始一个奇妙的任务，从早些时候没有解冻的东西中选出一些食材做晚饭。我按照惯例在花名册上签名，坐在旁边指定的椅子上，椅子还是热的，上一个参加课后辅导项目的家长肯定也是一天工作完之后，筋疲力尽，坐在那把椅子上等着，打算从一堆孩子中找到自己那亢奋的孩子，然后在那天傍晚把他带回家，希望自己有没有接错孩子。我们就像机器人一样，轮流认领属于各自的小人儿，超有活力地问候他们，像是真正感兴趣似的，“好啦，今天在学校怎么样”，试图以此来掩饰我们疲倦的大脑。

女儿从图书馆出来了，脸上像往常一样微笑着。她跟我击掌、拥抱，然后把她那重达五千克的书包拖上车。我们系上安全带，然后我准备听她说当天学校里发生的她认为重要的所有事件，形式就是这样的，“梅根说……”和“布莱德利做了这个”，我从停车处把车倒出来。突然，我听到女儿说：“嘿，妈咪，我们先别回家。”我回道：“傻孩子，我们必须得回家。昨天晚上碟子妈咪还没洗，我还得做晚饭，洗衣服，而且我相信你也有很多家庭作业要做吧。”她想了想那天下午卡琳女士给他们布置的任务，然后再次确信地说：“我们先别回家吧……我们去公园，然后吃个冰淇淋……让我们庆祝一下！”我说：“亲爱的，假期都结束了。现在没什么理由再来庆祝吧。我们得等到明年再庆祝。”接下来她那诚实、纯真的回答，永远留在我脑海中：“妈咪，我们庆祝不需要理由啊。我们今天在一起就应该开心。让它成为专属我们的假期，我们就叫它‘明日前夜’吧。”

听到这话，多疑的我立即质疑她说这话的企图。这是她自己想出来的好主意，还是，这只是她为了得到自己想要的东西而用的一个聪明的伪装？毕竟，作为职业母亲的我对孩子一直有所内疚，在利用这个策略来控制我这方面，她可是高手。去年她不就用她那已炉火纯青的技巧让我们养了一只似乎永远都在挖土的荷兰鼠，也让我们骄傲地成了这个“小曲奇”的父母？不管怎样，我还是被她的想法深深打动了。当时，我们停在一个十字路口，准备按照日常路线，左转回家。当然，公园就需要我们右转了。（有没有可能，这预示了一些潜在的信息，右转是否就是正确的？好吧，她是如何做到的？她真的很不错！）我大脑里在搜索一个答案来回复她，给她一个原因，解释为什么我们今天不可能去庆祝这个“明天的前夜”。我想到的每个原因我都知道，但是，每一个原因都可能被她巧妙地驳倒并且否决。这就像与一位过度热心的辩护律师打交道。我看着她那大大的蓝眼睛，脑海里想的是那些没洗的菜碟、衣服和一大堆在家等着我“去忙的”事情。那一瞬间根本不需要任何言语。我把转向灯从左打到右，去庆祝属于我们的第一个“明日前夜”。我们玩了捉人游戏。我身穿职业装，脚上穿着高跟鞋，坐了滑滑梯。然后我们吃了冰淇淋。那一天，我留给她的就不仅仅是某天可以被打包放进盒子里的东西。

从你繁忙的日程中，抽出时间多计划一些“明日前夜”这样的假期，一个个去庆祝它们，带着你的激情！

我们可以庆祝生活的喜悦，
通过选择去相信
每一天都可以是一个假期，
如果我们注意到，明日前夜……

名字

我一直希望有人能把我的名字作为他电脑的开机密码。出于某种原因，我认为，这种指定姓名作为电脑密码的行为是某种通往21世纪的仪式，或者是可以授予别人的一种现代荣誉。据我所知，从没有人把我的名字作为电脑密码，但是我还有时间！

我们所爱的人或者我们人生道路有所交集的人说出我们的名字时，瞬间就会让他们想起一些特定的形容词，还有产生于我们的回忆和交往中的一种独特的“气味”。你生命中所做的事情无愧于你希望他人瞬间想到的那些形容词吗？你的名字不过是一个称谓；是印在你社保卡上的那几个字；是声母和韵母的组合，大声念出来时，你会有习惯性的反应，立即转头。你有责任确保你的名字不仅仅是出生时给你的一个标签。

当你的名字处于话题中心时，它不仅能在想象中呈现出一些你脸部和整个人的照片，而且还能立即与特定的形象、思想和理念联系在一起，这些都是你的朋友、所爱之人和你打过交道的人在潜意识中赋予你的。为了让你的行为和言语配得上一切你希望别人提起你的名字就能想起来的东西，你希望那是一些什么样的思想，你希望每天指导你生活的又是什么样的思想，这都完全取决于你自己。

举例说，我想了想，那些迄今为止成为我生命旅程一部分的人，在他们的思维和记忆中会把怎样的形象和形容词与琳达·埃利斯这几个字联系起来。这些形象和形容词到底是什么，我可能永远不会知道，但是我想要怎样的形象和形容词，我肯定知道。我的目标是，我短暂的一生能让别人念出我名字时，脸上会露出微笑。我希望那个念出我名字的人，能联想到轻松、自由和无可否认的仁慈。如果我没能无形中将那些形象刻入我名字的读音中，那么为了达到那个目标，我努力得还不够。

你的名字，在人们口中、在人们的记忆中，代表的不仅仅是你的名誉。这些年来，它代表着你度过你的“破折号”的方式，也触动着别人的生活。以这样的方式生活：想象你不在场，别人说到你的名字时，你从不会想要到场去为自己辩护。

保持你的名字不受羞耻之扰，
让它的精神不被破坏……
因为如果想让你的“自己”闪光，
你就得一直给它抛光！

独孤的灵魂

有一位老人，在一个友好的南方小镇出生、长大，他在地球上的大部分成年生活都在担忧，担忧赚钱、投资和数钱。唯一认识的人，也是带着目的认识的，是几个生意上的合作伙伴或者投资人，唯一会来看望他的家人只是为了确保某一天自己在他的遗嘱中能占据一个显著的位置。

在 82 岁那年，他去世了，听他们说，可能是坐在椅子上安详地走的。根据验尸官的报告，在被发现之前，他在那把椅子上坐了四天或者五天了。被发现的唯一原因，是因为邻居家那没有拴住的狗，不停地在他家前门外叫唤。

他的一生都在建围栏。他穿了一件隐形的盔甲，将自己与世界隔离开。如果别人不能满足他金钱的目的，或者没能给他带去利益，那么对老人而言，他就毫无用处。他的心是冰冷的。他从未允许自己体验陷入爱河的狂喜、怀中抱着婴儿的温暖，或者体验那分散投资和损益表国度之外的生活的欢乐。

他竖起一道道墙，保护自己的灵魂、家和心灵，防止别人可能靠得太近给他带去痛苦。他知道，这个方法可以保护自己不受伤害，万无一失，但这样做的话，也让他自己感受不到爱，感受不到陪伴和友谊。他知道，任何心与心的关系都包含向别人袒露心扉，包含脆弱和风险，而他发誓，自己能接受的唯一风险只会发生在股票市场。他会冒险投资自己的财富，但不会拿自己的心去冒险。

当得知自己病入膏肓后，老人去拜访了自己的律师，把自己的一些事情安排好。作为一个很实际的做法，他驾车去了当地的公墓，给自己选购了一块墓地。他沿着特定的一排墓地，从最后一块被卖出去的墓地往南走，走到最远距离的地方转身，接着朝东又走了四十多米。那是公墓里最后一块允许下葬的墓地。他让自己相信，那个地方就是在他孤独的灵魂离开身体之后，自己的遗体将要度过永生的绝佳地点。

他下葬的那天，是一个阴暗的雨天。没人到场说些友善的话。在他被放进那个永久的安息之地前，没有一滴悲伤的眼泪滴落在他的棺木上。公墓工作人员临时搭起来的棚子下，没有那些穿着黑西服黑裙子的哀悼者进来躲雨。没有人念祷文。他的财产就是他所有的遗产，分配给了一群远房侄女和侄子，这群人渴望并一直随时准备接受这笔遗产。

整整两年，他的愿望实现了。他的遗体，远离他人，独享时间，正如他所计划的那样。然而，由于城市发展需要，这个县决定修一条三车道的公路，从公墓东南方向经过。公墓的老板当时经济也有困难，渴望能谈判。他们为自己地产边界内每一块没有投入使用的土地讨价还价。县政府允许在最后一块墓地旁留出六米的距离。整个公路项目耗时几个月才完工。重型机械、烟雾、灰尘和噪音将这个地点周围的寂静和安宁完全打破了，而这里恰好是他为自己遗体挑选度过永生的地方。

他企图在自己墓碑周围建立的这道隐形篱笆，挡不住今天这条繁忙的路上来来往往的汽车和卡车车身弹下来的灰尘和溅出的鹅卵石。现在，作为孤独的标识，每一个路过的人在匆忙赶往目的地的路途中，都能清晰地看到他那平淡无奇的灰色墓碑，很多人都感到疑惑，正如我一样，这块墓碑居然立在了离路面如此近的地方。

我们不可能将自己与世界隔离开来，因为我们是世间万物的一部分。我们通过呼吸的空气彼此相连，通过我们脚下的土地彼此想通，通过我们感官能感觉到的万事万物联系在一起。我们从来都不孤独，生活也不是这样给我们设计的。我们注定就是世间万物的一部分，世间万物也是我们的一部分。我们为的就是在地球上留下我们的足迹，在我们所接触的生活中留下我们的指纹。

没人来

汗流浃背，满是恐惧，
他迅速从床上坐了起来。
前天晚上他做的那个梦
在脑海中如此真实。

每一个画面，每一丝情感，
那晚几小时所留下的
在他记忆中如水晶一般明澈，
永远都刻在了他的心上。

他还能看到自己死去的身体，
头下面枕着丝绸的枕头……
本应该满是哀悼者的房间
反而空空如也。

没人站在那里，也没人说话，
没有爱的语言，也没有祷文。
没有带着慰问卡片的鲜花。
只有空空的桌子和空空的椅子。

那些场面的细节；
他冰冷的身体，孤独一人……
意识到没有人来，

这让他心凉到骨子里。

这一切怎么就发生了?
没有一个人过来哀悼?
我生命中的所有人,
没有一个人看到我离开会悲伤吗?

我所有的时光都只是浪费时间吗?
我的生命没有意义吗?
我从未触动过任何一颗心、任何一个生命吗?
我在地球上没有留下任何足迹吗?

因为什么原因
没人在意,也没人来呢?
但是在他心中,已经有了答案;
能怪的也只有他自己。

尽管这是梦,不是现实。
也让他停下来思考。
人类善良之链中
是否他就是那最薄弱的一环?

今天他发誓重新开始,
不再烦恼,不再抱怨,
触动生活,创造不同,
用他余下的每一天时间。

改变自己的生活方式,

让每一天都包含
一件善事、深思熟虑的行为，
以及感恩的直白表达。

为了留下善良的遗产，
并且专注于那些真实的、正确的，
一直都要努力记住
别人的感受。

要让这些改变现在就发生，
表达怜悯，分享微笑，
因为谁也无法保证明天，
而今天也稍纵即逝。

当他的那些岁月来过又离开，
眼泪低落，花儿盛开，
一大群悲伤的人将站满
曾经空空如也的房间。

(特别感谢马克·特纳的录入)

TOUCHED BY "THE DASH"

被《破折号》感动

《破折号》的创作过程

（1996—××××）

《破折号》诗的创作历史

我曾经用《破折号》的创作过程的说法，因为这首诗的独特原始版本是由 241 个英文单词写成，真正意义上创造出了属于自己的生命。1996 年我写这首诗的时候，它“出生”了，但它却永远都不会死去。它的生命，它自己的“破折号”是无限的，它的遗产被刻进石头里，它的创作者留在地球上的足迹淡去之后，它还将继续活着。它简单的诗节中蕴含着生命的神秘与复杂。这首诗富有韵律地传达出来的信息，潜意识强迫读者突然敏锐地意识到所有一切都如此短暂。它触动了很多人的生命，数量超过了任何人可以想象、梦想或者计算出来的，它也将继续触动下一代人的生命。

我意识到，尽管我拥有《破折号》这首诗的版权，但却好像我也不能……以世人拥有的方式拥有这首诗。我将这首诗比作很多年前我种下的一颗种子，它很快发芽并继续迅速成长，成千上万的灵魂被它传达的信息所触动，不断给它松土施肥。对我而言，写这首诗所带来的爱的遗产、重新规划的旅程、脸上的微笑、眼角滑落的泪滴，其数量是无法测算的。

他们说，时机就是一切。《破折号》这首诗来到世界的时候，正是技术蓬勃发展的时候，从此它自己也变成了一个实体。每一天它全职工作，昼夜不停，触动生命，感动心灵。正如一个理性的人要通过确凿的证据来动摇我的观点一样，我必须承认，我相信并且接受一个概念，那就是这首诗被创作出来并且一直存在，是有其独特的目的和原因的。也许被更强大的力量推动、也许被自然力附体或者纯属巧合，但谁又能解释它对世界产生如此巨大的影响？它由一个女性创作，没有资金和资源推广，却对世界激发了无穷的灵感。

在我忙于过好自己的“破折号”时，这首诗在外面发挥了其神奇的作用。多年来，我听过无数关于这首诗的故事，诉说着它是如何鼓励那些有需要的人，在他们需要的时候触动他们生活的，之后我才真正相信它的力量。尽管现在仍然困惑，但我不再质疑它的能力，或者它的继承者——“人生的破折号”的潜能。我最近在一个面试中，得到别人的称赞，有一位男士说：“你能将《破折号》这首诗带到今时今日这个地位，实在令人印象深刻。”我回答道：“让人印象更深刻的是《破折号》将我带到今时今日的状态……”

几年前，我受邀在美国国家殡葬理事协会大会上讲话。当然，那与我写了《破折号》有关，这些年来，它对这个特别的行业有着深刻的影响，这一点我比任何人都清楚。然而，很多年前我写这首诗时，我希望它有关生而不专注于死。然而，久而久之，让我沮丧的是，我意识到，这个作品成了在墓地旁、葬礼上和“生之庆典”中最广为诵读的文章之一。这不是说，知道这么多人在我的文字中找到安慰，我却不自豪，我只是质疑，是否这首诗的目的被人曲解了。

我知道，这次演讲会是一次极佳的机会，但是我必须承认，一开始接受邀请时我是有所迟疑的。尽管相比前几年来说，说到死亡这个话题，我已能坦然面对了，很大一部分是因为我与一些人一直保持通信，分享他们有关《破折号》这首诗的个人经历，我想知道，那好几百个在场的殡葬理事，他们对我情感上的要求究竟是什么。

当我亲自见到这么多理事，他们热情、有爱心，人也很好，并且听到他们的故事，谈及我的文字如何真正感染了那些参加过他们机构活动的成千上万的人时，我的担心很快就消除了。我谦卑地认真聆听每一个故事，我甚至更加确信这些特殊文字那触动心灵和改变生命的力量。回想起来，当知道一些完美的陌生人和他们的家人因为我自己的文字而感动，那是一种多么奇怪却又美妙的感觉。再一次，我知道了，自己曾经有一天在桌前迸发的灵感，真正改变了一些人的生活，改变了他们的人生旅程。

我想的最多的是，《破折号》用在这样的庆祝场合中，不仅仅是为了反映故去之人的“破折号”，也是为了启发在场的人，那些故去之人的家人和朋友。现在我自己也认为，这首诗绝不是一首“葬礼诗”。它确实是用来代表生命，正如我一开始希望的那样！

是的，这首诗是用来象征那些在地球上生命结束的人那短暂的一生。但是接着我又意识到，它也有能力改变那些留下来的人以后的生活，这些人现在“被《破折号》触动”后，它能影响他们，让他们懂得珍惜、欣赏彼此。这些年来，我收到了无数的电话、信件和电子邮件，诉说着那些被《破折号》所触动的那些人的生活。我已选出了我最喜欢的一些与你们分享……

在地球上的一生，
尽管我们都可能力求成功，
但我们银行账号中的存款
并不能衡量我们这短暂一生的价值。

原版《破折号》

Live Your Dash.

破折号
THE DASH

我曾读到一个人站在
一位朋友葬礼上说的话。
他谈到墓碑上的生卒年月，
从出生到辞世。

I read of a man who stood to speak
at the funeral of a friend.
He referred to the dates on her tombstone
from the beginning ...to the end.

他首先说到她的出生日期，
然后含泪念出接下来的那个日期，
但他说，最重要的是
这两个日期之间的破折号。

He noted that first came the date of her birth
and spoke of the following date with tears,
but he said what mattered most of all
was the dash between those years.

因为那个破折号代表着
她在世上度过的所有时光，
而现在只有那些爱她的人

才知道那一个小小的横线的价值。

For that dash represents all the time
that she spent alive on earth
and now only those who loved her
know what that little line is worth.

因为无论我们拥有多少，
汽车……洋房……金钱……并不重要。
重要的是我们怎如何去生活，如何去爱，
以及如何过好我们人生的破折号。

For it matters not, how much we own,
the cars... the house... the cash.
What matters is how we live and love
and how we spend our dash.

因此，请慢慢地思考，认真地想一想，
是否还有什么你想要改变的？
因为你永远不知道还剩下多少时日
让你再重新来过。

So think about this long and hard,
are there things you'd like to change?
For you never know how much time is left
that can still be rearranged.

如果我们能够把步伐尽量放慢，
去思考一下何为真实，何为正确，
并随时努力去理解
他人的感受。

If we could just slow down enough
to consider what's true and real

and always try to understand
the way other people feel.

同时，不要轻易发怒，
更多地表达感恩之情，
就像我们初恋时那样
去爱我们生命中的所有人。

And be less quick to anger
and show appreciation more
and love the people in our lives
like we've never loved before.

如果我们互相尊重，
并且脸上常常带着笑容，
记住这个特殊的破折号——
它可能转瞬即逝。

If we treat each other with respect
and more often wear a smile,
remembering that this special dash
might only last a little while.

那么，当别人念起你的颂词，
重现你生命中所做的事情，
你会不会对他们感叹你如何度过你的破折号
而感到骄傲呢？

So when your eulogy is being read
with your life's actions to rehash,
would you be proud of the things they say
about how you spent your dash?

大卫·库克

去年，我收到一封邮件，来信者是唱片歌手兼《美国偶像》上届冠军得主、多才多艺的大卫·库克的一个粉丝。她来信附了一张照片，表示这张照片与我的一个作品有关。我感到好奇，所以打开了附件。让我又惊又喜的是，那是我的《破折号》的最后一整节，设计为一个醒目的文身，印在大卫·库克的左臂上！我之前注意到了大卫的音乐才能，因为我本身就是《美国偶像》迷，当时看到大卫获得2008年第七季冠军时，非常开心。我对他成功的故事记得特别清楚，因为他一开始并没想过参加节目。他之所以会出现在那里，是为了支持他最小的弟弟。然而，在试镜的时候，大卫选择试一试，并且在比赛中过关，一

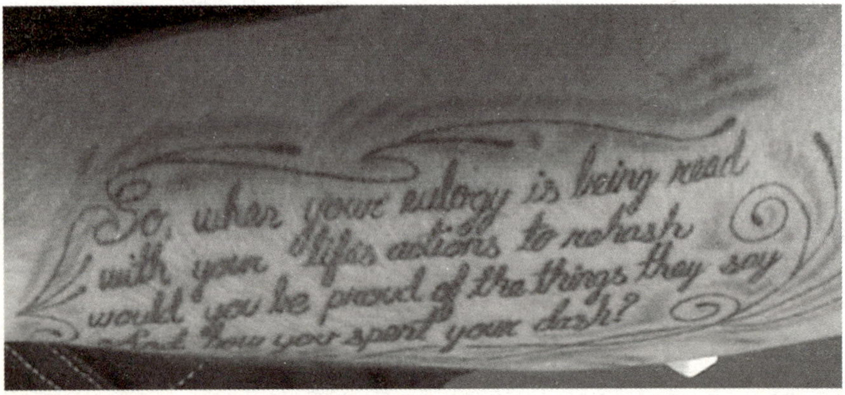

路走了下去，最终荣获冠军。

在赢得《美国偶像》比赛仅仅一周之后，大卫·库克就改写了美国《公告牌》的排行榜历史，打破了最热数字单曲榜十四首新歌进榜的纪录。他还有十一首歌出现在《公告牌》Hot 100单曲榜，这是继1964年甲壳虫乐队之后，单周新歌上榜最多的歌手。他的《美国偶像》加冕歌《我生命中的美好时光》（The Time of My Life），在主流AC电台一连四个月都保持着第一名的位置，不仅有幸成为首张最佳单曲，还是《美国偶像》历史上最高销量的加冕单曲，已达到白金销量。

随着不断了解他的成就和荣誉，我对大卫·库克有了更多的了解。我读得越多，也更加意识到，这个文身完美地将他的生活方式集中体现出来，知道他选择把我这首诗每天都随身携带，我倍感自豪。他似乎是一个谦卑、感恩的年轻人，脚踏实地，优先要做的事情顺序清晰。然后，我看了《美国偶像》的“美偶回馈”部分，我的这种自豪感再次得到确认，因为我看到他最近去了埃塞俄比亚。他对那里年轻女性的困境是真正地感同身受，表达出了真正的同情，这些在采访中都表露无遗。我特意看了他手臂上的文身，想到他与联合国基金会一同去往那里，帮助教育那个区域的女性，去赐予她们力量，想到在这个旅程中我的想法和文字如何陪伴他、启发他。这样去度过你人生的部分时间，是一种多么美妙、充实的方式啊，大卫！

那么，当别人念起你的颂词，
重现你生命中所做的事情，
你会不会对他们感叹你如何度过你的破折号
而感到骄傲呢？

参议员鲍勃·多尔

不久之前，一封有关《破折号》的邮件引起我的注意，尤其是它里面有一个 C–SPAN 视频链接，视频记录的是最近美国国家记者俱乐部有关受伤老兵救治及护理的会议，这个主题我很关心。

视频不同寻常的一点是，鲍勃？多尔，前美国参议员、参议院共和党领袖、1996 年总统候选人，正在大声朗读我的那首诗！作为该会议的主讲人，他选择了我的诗，阐释并表达他与我都认同的一个概念……我们对这些受伤的老兵一直都有所亏欠，我们对他们一直都要保持感恩。他不仅饱含感情地朗诵了我的诗，而且还以这句话开场：“我们亏欠了这些年轻人所有的一切……”

我一时间既骄傲，又惭愧，还伴随着惊讶，我不敢相信地摇了摇头。当我听到他念第七节，尤其是这几行：“同时，不要轻易发怒，更多地表达感恩之情，就像我们初恋时那样去爱我们生命中的所有人。”毫无疑问，这些文字激起了他的情感。我盯着我的电脑屏幕，几乎感到眩晕。几年前我写的这些文字真的打动了这个抗战老兵吗？真的打动了这个努力将受伤的战友拖进弹坑时被敌人榴弹击中的这个人吗？是这个曾因“战火中的英勇”而获得两枚青铜星章的人吗？我知道，当某些无法触摸的事物，如文字，在特定的、独特的模式中结合起来时，会产生力量直击某人的内心，点燃他的情绪。我记得当时在想，战争期间，铅弹穿过这个男人的身体，而现在我的文字似乎也在情感上穿透了他，这两者之间有着某种讽刺、互相矛盾的相似性。随着我对鲍勃？多尔了解的深入，我开始好奇，是否我的文字在他各种为人道救援做出的努力中也有所激励。我倾向于认为它们起到了这样的作用。

于是，我写信给参议员鲍勃？多尔，表达我的感谢。我告诉他，他选择了我的诗读给老兵听，我是多么骄傲，我也询问了他，我是否能将他放入我的书中。以下是他的回信：

参议员鲍勃·多尔
华盛顿特区西北区F街950号大西洋大厦10楼
邮编：20004
2011年1月26日

琳达·埃利斯
佐治亚州玛丽埃塔皮德蒙特路东1050号E-135号套房
邮编：30062

亲爱的琳达：

谢谢你的来信，感谢你在书中写到我。我之前做了膝盖手术，还有其他一些健康问题（原文如此），仍在恢复期中，但是每天都在好转。下面是我的一些想法，如果你有进一步的需要，请告知。

“这么多年来，在任何不同的场合，给全国和全世界的观众演讲时，有一点一直很明确，有一些特定的东西能够触动人心，不论其职位、地位、政治立场或者其他衡量标准。就我而言，通用的是，反思生活真正意义的欲望、感激生活的需要、对家人和朋友的爱，还有内心渴望去贡献一切我们力所能及的事情，并发挥我们的才能。对我来说，所有人共同的思路似乎是对真相和价值的渴望，这种渴望能随着时间而推移，穿越不同的时代。

“几年前，有人给了我琳达·埃利斯创作的诗《破折号》，在我拿着它大声朗读给因为各种原因集会的观众之后，我很快相信，这首诗抓住了我们旅程的精神和那些普遍的欲望。那些听过我读这首诗的人、那些被这首诗感动的人、那些要么找我要一份复印件或者找我评论他们是怎样从这首诗里得到鼓励的人，我无法数清有多少。简而言之，它提醒着我们，要尽全力去过我们的生活，去感激赐予我们的幸福，去做任何可能的事情让我们在地球上的时间充满意义。

“最近几个月，我相当一部分的时间都在沃尔特·里德陆军医疗中心，既是这里的病人，也与那些为国家效力并做出巨大牺牲的人会面，那些伟大的男人和女人们。那段经历成为另一个人生的“破折号”的提醒，正如琳达·埃利斯鼓励人们去生活一样，不仅仅她的诗歌捕捉到了那个有关生命的观点，那个观点也在这些真英雄的身上得到了体现。他们是某些人的父亲和母亲、兄弟姐妹、朋友同事，用他们的生活方式、用他们的成就、用他们那迎接每一天的勇气和信念，激励了我和其他人。”

谢谢你，也祝你好运（原文如此），并创造出新的作品。

上帝保佑美国！

鲍勃·多尔

蒂姆·柯里尔

我叫蒂姆·柯里尔，目前是马塞纳篮球协会理事，同时兼任大学男子二队篮球教练。我还是纽约马塞纳（与加拿大接壤）社区的警察局局长。去年，我在协会第二十五届年度篮球锦标赛庆功会上读了《破折号》这首诗，反响惊人。那年晚些时候，理事会设立了一个“破折号”奖，我为协会的项目工作了将近二十三年，理事会把这个奖颁给了我。设立这个奖项的人说道：“听到你读这首诗的时候，我就完全知道该给你怎样的荣誉了。”得到这个奖我很荣幸，也有幸能将你的诗附在上面。琳达，我无法用语言表达你的诗是如何激励我的。在反映一个人的生命怎样才有意义这个方面，没有任何一个作品能及得上你这首诗。（下文是给蒂姆·柯里尔的“破折号”奖颁奖词。）

马塞纳篮球协会
“破折号”奖，2006年
授予：
蒂姆·柯里尔，纽约马塞纳警察局局长

感谢你对发展马塞纳地区青年篮球的领导及所做的贡献。

你在马塞纳篮球协会里所付出的时间、你对协会的领导，使协会保持了较高的稳定性，能一直持续下去，一代接着一代。

你这段无私的时间，恰恰定义了你如何度过自己的“破折号”的部分特点。感谢你能成为协会的一员，请永远记住“因为无论我们拥有多少，汽车……洋房……金钱……并不重要。重要的是我们怎如何去生活，如何去爱，以及如何过好我们人生的破折号”。

——马塞纳篮球协会董事会及友人

柯里尔获奖之后，《破折号》是如何打动他的……

读到《破折号》的那一刻起，我就说：“就是它了。再没有比它更清楚的了。”我妻子和我有一个九岁大的儿子，这首诗概括了我们希望他如何度过自己一生的方式。我们希望他爱自己的家庭、有信仰，能尊重别人也富有同情心。我特别欣赏以“如果我们能够把步伐尽量放慢，去思考一下何为真实，何为正确”开头的那三节。

我把这首诗放在三个地方：挂在我办公桌旁的墙上、家中的办公室里，而且我把那三节诗印在一张卡片上放在钱夹里。在事情变得特别糟糕的时候，我会用这首诗来仔细思考事情，有时候真的帮到了我。我经常给别人读这首诗，因为我希望也能激励到他人，使他们富有同情心、尊重别人并且有自己高尚的品德。品德对那些在公共安全或者公众信用职位上的人而言是至关重要的。带着正直和高尚的品德去生活非常重要。有些时候，我特别想尖叫，事事都不如意。阅读《破折号》的文字能将我的愤怒等级降下好几级。

“去思考一下何为真实，何为正确”，尤其是《破折号》里的这一句，能真正将所有的事情简单化。然后你就会知道什么才重要。对每一个人来说，重要的东西都不一样，但对我而言，重要的是我的家庭和在警察局为我工作的那三十几个同事，因为他们的工作影响着他们，而且，在我看来，当我影响他们的工作时，我就影响了他们的生活。

这与在篮球队当教练是一样的。我现在担任大学男子二队篮球教练，我依然运用这首诗。你可以改变别人的生活，这首诗就是一个指南针，能指引你怎样做出改变。这是我的道德指南针。当我主导我们社区的安全事宜时，我遵循这首诗中所写到的。我按照黄金法则来生活，黄金法则是一个很好的标准，但是以你希望被对待的方式来对待别人意味着什么呢？对我而言，《破折号》就定义了黄金法则。我希望有一天，我的“破折号”会说，我是一个富有同情心、懂得尊重别人、有着荣誉加身的人。最重要的是，这首诗传达出的信息不仅仅有关思考你自己的生活，更重要的是用一种更有意义的方式去生活。

理查德·马歇尔船长

要在生活中做出改变从来都不简单。改变缓慢发生，程度不一，并且波澜不惊。我记得第一次读到《破折号》的那一天，我必须再次听一遍、读一遍才能理解它。只有这样我才意识到，那不仅仅是一首诗。就这么一些文字居然能在我内心点燃这样一股炙热之情，实在令人费解。我认为这首诗更像一个指南针，用自己的方式发出一道精神和道德的光束，给人以指引。是的，我可以依赖某样东西给我指引方向，勾勒出未来的进程。很久之前，我丢失了我的信仰，当我精神的电池用完的时候，我失去了我的信仰、家人、朋友，甚至我的东南西北。如果不知道你身处何方，你如何去往他方？我记得我曾想："要是我触到谷底，是否这就是最后的结局？"然后，有一天我遇到一位极好的女士，她温柔地帮助我整理我的生活。关心我，拯救我的生命。这些年来这个旅程并不容易，但是慢慢地，我的生命航线在改变。

我岳母去世时，我第一次听到《破折号》。她儿子在追悼仪式上念了这首诗。听到时，我立即感觉到内心一股精神的热流喷涌而出。我想："生与死之间那条小横线有属于自己的生命吗？"它是否在邀请人们去总结自己的特殊技能、天赋和能力？那个破折号是否能揭示出一个人内在的卓越之处？我回想起我6岁大的女儿夭折的那天，并在脑海中回顾她的"破折号"。三十八年过去了，她那水晶般剔透的本质和聪颖仍然那么清晰，然后我想到我失去的那对海军兄弟，他们留下了怎样勇敢的"破折号"，以供我们回忆。当然，在我独自航行、举起杯子时我也会想起我那珍爱的朋友们。现在，我已进入生命的最后一个四分之一，在我回想起与家人、同志和朋友们在一起的时光时，他们就能复活，知道这一点，就让我很幸福。是的，《破折号》的确已变成我去往永生的通行证。我记得杰米·杜兰特曾说道："晚安，卡拉巴什夫人，不论你身在何方。"希望《破折号》能永远触动人心，也谢谢你，琳达·埃利斯，不论你身在何方。

现在我很幸福，与家人亲近，精神饱满，生活轨道也在正确的方向上。可能你仅仅只看到一个人驾驶着"冲锋"号出海，但是相信我，我随行一直带着这个宇宙上最好的船员。我的单桅帆船"冲锋"号，命名来自《破折号》，是1968年打造，2004年至2005年间被我完全修复了。在驶向那么多目的地的旅程中，船上一直带着《破折号》。有人问："你的船是不是以驯鹿命名的？""不是，"我回答说，"它的使命是为了解释你生和死之间的那个小小的破折号。"你也有你自己的"破折号"，所以用你的肩膀扛起你的"破折号"，好好度过你的"破折号"，让它发出光芒。

贝福·马丁

破折号团体于2008年1月成立，是正在发展壮大的友人社团，他们聚集在此是为了拓展他们的能力和资源，为他们的社区带去价值。

破折号团体成员的目标是激励华盛顿州阿纳科特斯社区，并通过利用他们的时间馈赠、才能，以及志愿者承诺，来让他们邻居的生活变得不同。

团体名字的灵感来源于琳达·埃利斯的《破折号》。团体成员受到鼓舞，希望一起度过他们的“破折号”，做出一些改变，在社区中留下永不消逝的指纹。

破折号团体的工作包括帮助一些家庭过圣诞节；协助当地红十字会分会的工作；帮助高中生筹集午餐基金；通过两次资金筹集活动支持当地图书馆；为当地高中就业中心设计并生产四种大型就业中心横幅；筹集两万五千美元重建岛栈桥（被大火摧毁）；为当地医院筹集七万七千美金；为当地食品储存仓库筹集资金和食物，目前我们正在参与当地一所高中的学生社团服务项目。

正因为破折号团体的积极影响，社区组织发来很多各种项目形式的帮助需求。当问到“破折号”代表什么时，回答始终如一：“你出生和死亡日期之间的破折号才是你身后真正留下的遗产。”破折号团体是对人们如何有意义、有目标地度过他们“破折号”的真正实证。

苏珊·菲尔普斯

2004年，我被《破折号》深深地感动了，于是我打电话给我的女性朋友们，叫他们一起来吃午餐。我与她们分享了这首诗，接下来很快破折号俱乐部就诞生了。

从那时候起，我们每个月见一次面。有一个人来负责整个组织并安排出行。在出行前一天晚上会打电话告诉所有人，并且只告诉她们必要的着装要求和在哪里碰面。我们的出游活动包括游览开放式花园和葡萄园、打保龄球、洞穴探险、卡丁车赛车、索道滑翔，还有更多数不完的冒险。我们的俱乐部出行给了我们所有人认识新朋友的机会。

所有这些都是因为《破折号》那强大的文字力量。琳达，我知道你肯定收到了不计其数的邮件，但是我真的希望你能看到这封邮件，这样你就能知道，你给我们在这个岛上的生活带来了怎样的改变。我必须告诉你，我们都已年过半百。

我个人向你表达万分的感谢，琳达。你的文字激励了我，让我在四十三年的婚姻结束之后，知道怎样去度过我的“破折号”。一方面，它曾是我的口头禅，并且五年来，我成功购买了一个生意、建了一栋房子，而且每天都有目标。因此，现在我人生的收银机全是记录着我“破折号”的支出。在创业时，我想到了诗中的文字，并且知道现在我完全掌控着我的“破折号”。

致意，

苏珊·菲尔普斯

澳大利亚塔斯马尼亚州

西恩·凯南

有一段时间，我非常想写写有关影响了我生活的很多不平凡的经历。正如大部分人一样，我的人生也有起起落落。我想与大家分享我这一路所学到的生活智慧。作为一个经常以积极和进取精神引以为荣的人，我始终无法动手写我的书。正在那个时候，我的一个好朋友问我，是否熟悉琳达·埃利斯的一首诗《破折号》。我从未听过这首诗，但是我却很想读一读，因为它似乎对我朋友的影响很深刻。在我第一次读到琳达的文字时，我记得，我是怎样感受到一种与其相通的感觉的。《破折号》再次确认了我这一生中秉持的很多想法。我立即感受到创造的能量在流动，并悄悄对我说我曾在哪里听过的一句话：“生命不是一次彩排。”

不久之后，我开始写自己的书《解放大卫》。我时常阅读《破折号》，期待灵感的爆发。后来我决定，在我的书中收录琳达这首美丽的诗，尽可能地与他人分享。我决定，尝试与这位给予我这么多的女士取得联系。小小调查了一番后，我找到一个电子邮箱，我就写了封邮件给琳达。当我收到她的回信时，我震惊了，当然同时也带着惊喜。我问她是否读过我的某本书，是否能考虑给我的书写序。她欣然同意，并且问我是否愿意为她的新书写上几句话。对我而言，我们已进入了对方的生活，而这种奇妙又奇怪的方式，证明就是《破折号》这首诗的本质所在。琳达的文字不断地提醒我，要以最充实的方式去生活，确保我的“破折号”促进并鼓舞别人也这样做。琳达，感谢你，感谢你的智慧、慷慨和美丽的心灵。

真诚的，

西恩·凯南

（演员，作品有《大胆而美丽》《综合病院》及当前的《不安分的青春》）

卡罗尔·安·科尔

卡罗尔·安是一名作家、职业演讲家，也是一个国际募捐机构的创始人。卡罗尔·安和她母亲玛丽在几天内接连被诊断出患有乳腺癌。卡罗尔·安在认识到生活不仅仅是在工作中获得晋升后，她选择离开了职场。她是“加拿大总督功勋奖”的获得者，她还获得了无数的其他荣誉，包括“金禧奖”；麦克林荣誉榜精英奖；泰瑞·福克斯荣誉奖章；世界基督教女青年会妇女认同奖；加拿大汽车工人协会年度女性；欧莱雅国际妇女节十二位杰出加拿大人士之一；犹太妇女国际年度女性。她还入选《加拿大名人录》和北卡罗来纳州罗利市美国名人传记研究所出版的《21世纪的1000位伟大女性》（2005年版）。

国际募捐机构“安慰之心倡议”筹集了超过一百万美元的资金以做癌症研究，作为该机构的创始人，卡罗尔·安已将几十万颗安慰之心交到来自加拿大和世界各地的人手中。

她写道：

> 2001年初，我儿媳妇与我分享《破折号》。作为一名职业演讲家，我一直都在搜寻有意义的材料与观众共享。我爱上了《破折号》，并立即与琳达·埃利斯取得了联系。我想与这位不可思议的作者见面，并想获得她的许可，在我的励志工作中使用她的诗，也想把它写进我要发表的第二本书《头顶上学到的教训》中。很荣幸，我们很快成了朋友。
>
> 我（两次）从癌症中挺过来，并且经常与一些需要个人依靠的读者交流，类似于《破折号》的这种依靠。我诵读琳达的诗，或从中引用。我经常与观众分享，尤其是：

因为无论我们拥有多少，

汽车……洋房……金钱……并不重要。

重要的是我们怎如何去生活，如何去爱，

以及如何过好我们人生的破折号。

毫无例外，我的观众对她的诗句感同身受。

我的第三本书《如果当初我懂了》在2009年秋天发布，记录的是我癌症复发的经历，以及我人生第一次面对致命疾病的第二场战斗所带来的沮丧，第一次同母亲肩并肩与之抗战是在差不多十六年前。1992年1月，我和母亲几天之内被先后诊断出罹患癌症。当癌症复发时，坚强的母亲已不在，我只能靠我自己，当时，在我需要提醒自己什么重要时，我求助了《破折号》。生命就是有关我所说的那些软技能，琳达通过运用一些类似于尊重、微笑、放慢脚步和理解别人的感受这样的字眼将其淋漓尽致地表达了出来。

如果我能继续依照我计划的方式去生活，从现在开始到很多年之后，我墓碑上的“破折号”将转换为仅仅两个简单的字——宽厚。我不奢求比这更好的礼物了。

诚心诚意爱你的，

卡罗尔·安·科尔

网址：www.carolanncole.com

玛凯拉·乔伊的故事

2009年感恩节第二天，我在电视新闻上听到一个悲伤的故事。我为这个家庭感到痛心，通过电视，我想以某种方式去安慰这对失去女儿的父母，他们那漂亮的、有天赋的、可爱的六岁小女儿在床上被人谋杀了。她的父亲是一位才华出众的电视新闻摄影师，而在她整个童年中，她那一心为孩子的母亲都在给她拍照片、录视频，而且当我看到那些照片时，感受到了一股暖流，流过我的内心和灵魂。他们对女儿真挚的爱和他们女儿对生活明显的热爱在每一张照片、每一段视频中表露无遗，而且在那些录音中，听到她说话时，你能真正看到她那美丽的微笑。

因为一些无法解释的原因，我就像磁铁一样被这个小女孩的“破折号”的故事吸引着。随着我不断深入了解她在地球上生活的时光，我知道了为什么。不是她生命的长度，而是她所分享出来的爱，以及她生命的遗产仍然在他人身上所产生的影响。一生的时光，她都满满地走过。玛凯拉充实地度过了自己的“破折号”。今天，当我被琐碎的细节所缠住时，我会停下来，想想她那特别的“破折号”，想想时间有多么宝贵，想想生命真正重要的是什么。我只希望能够有时间见见她，因为我感觉自己的生活将会更加幸福。我倾向于认为，她现在知道了我的心灵被她触动，因此启发了我的写作。

在了解玛凯拉的“破折号”时，我发现她有着鲜活的想象力，并且喜爱讲故事。她父母鼓励她创作，告诉她，有一天她可能会成为一名作家。那么，今天她就是！她的故事书《熊的城堡》（makaylajoysitton.com网上购买）最近发布了，借此，她的光芒可以继续闪耀，因为所有的收益将直接进入玛凯拉·乔伊·辛顿基金会，以做奖学金之用，这样其他孩子就能幸运地拥有享受艺术的机会了，正如她喜欢的那样。

我收到玛凯拉父亲吉姆·辛顿的一封信。信中他写道，我的文字帮助他挺过了生命中最糟糕的一年。他说，玛凯拉充实地度过了自己的“破折号”，而我的文字也鼓励他这样做。于此，一个作家对他们作品的回报还能要求什么呢？

玛凯拉的爱和精神将在她的父母、家人、朋友和我们很多人心中长存，我们都曾，也将继续被她的“破折号”所触动。

最终，真正重要的不是生命里的岁月，
而是岁月中怎样度过你的生活。
——亚伯拉罕·林肯

玛凯拉的“破折号”

吉姆·辛顿和穆里尔·辛顿著

玛凯拉的“破折号”是由很多小事情组成的——我们给她讲故事时，她在沙发上依偎着我们的方式；我们把她抱起来放到床上时她那轻盈的身体；她头发的香味；她上钢琴课时，小小的手指像挠痒似的敲击键盘时严肃的表情；她一边给我们讲熊和城堡的故事，一边咯咯发笑时那小小的声音。

玛凯拉是在感恩节那天在床上被人谋杀的。这是完完全全的懦弱和邪恶，也容易让那些深爱她的人感觉受到欺骗。本来还有更多的时间。本来还有更多的生日派对要庆祝、更多的钢琴演出、更多去海滩的日子。本来还有毕业、结婚和孙子孙女们的出生。这不公平，永远都无法解释。再一次，上帝没有义务给我们提供所有的答案。

然而，上帝确实赠予——哪怕只有那么一小会儿——我们一份惊人的礼物：玛凯拉。在玛凯拉的“破折号”中，她教给了我们很多课程，那些课程也将继续对我们的生命、信仰、时间有所启迪，特别是时间。她似乎以某种方式了解到，时间是一份神圣的礼物，值得珍惜、值得去培养，不是我们能拥有或有权得到的什么东西。这就是她怎样生活的。玛凯拉想要尽可能多地去学习，尽可能快地去学习——她两岁时开始阅读，她想将自己所学的东西分享出来，不管那是一首歌或者一个新的舞蹈。

玛凯拉是我们唯一的孩子。今天，我们会翻阅那一堆堆的照片和那些似乎无穷无尽的视频文件，它们痛并快乐地提醒着我们所有的那些小小的瞬间，那些我们曾认为有必要捕捉并保存的瞬间。但是这些照片和声音不仅仅只是提醒我们记住我们心爱的女儿。它们也在诉说着一个有关她特点的故事，以及她下决心要完成的目标。我们经常用“光芒”来描述玛凯拉，她是一束触动心灵；一束能照进裂缝、罅隙和黑暗角落的光芒。今时今日，当我在回忆中，抑或在一段视频中，看到玛凯拉时，我们就能看到她的光芒。她仍然在呼吸，她仍然活着，并且继续感动别人。

就像很多小孩子一样，玛凯拉是一个小小的能量包，充满了好奇心。在她很小的时候，对我们而言，很明显，她有着不一样的特质。可能是一种与这样一个小小人儿不相称的智慧和视角。玛凯拉不看电视，而且事实上，她根本就不感兴趣。相反，她喜欢看书。一直看书。看很多书。她喜欢讲故事，我们经常告诉她，她有着成为一名好作家的特质。她记忆力很好，尤其是在记《圣经》的一些章节和诗歌这方面。当我们回忆往事时，很明显，她一直在教我们、帮助我们、将她的光芒照耀在我们身上。

自从玛凯拉走后，时间在某种程度上静止不动了。可能是因为我们默默地希望能够得到一种前所未有的怜悯，可以让时光倒流，挽回那发生的事情。然而，经常有人提醒我们，时间只会朝一个方向往前走。另一个玛凯拉的生日过去，她的宠物狗慢慢长大了，又一个没有她的圣诞节来了。时间继续履行它的职责，高效，从不回头，甚至都不会快速看一眼。它正在画我们的“破折号”。作为玛凯拉的父母，我们面临着一些问题和选择。我们将怎样度过我们的“破折号”呢？玛凯拉会希望我们怎样度过呢？

小孩去世这件事中，没有所谓的往前走。直面她的夭亡——是的，伤口可能会愈合一点点，但永远都不会往前走。孩子去世带来的空洞永远都在那里，我们会用各种方法去应对它。一些小事情会有帮助，但是同时也可能让我们伤心。玛凯拉的母亲，现在也还会摆出她女儿的裙子，不像之前每天都摆出来，但也会一周摆出两三次。我们早餐时还是会给玛凯拉留出位置，放着她红色的杯子、她的公主杯垫，以及为她准备的两颗维生素。每天坚持按照之前的日常习惯能给我们带来一些安慰。

但是我们不能逃避这样一个事实：我们同时也在定义我们的“破折号”。它会不会只是简单地代表时间的流逝，按要求来填补空白的空间，或者，我们出生和死去之间的破折号所诉说的那个故事，是一场不仅仅是活过或者忍受过的生命，而是一场充满庆祝的生命。

说一个六岁的小女孩度过了完整的一生，这听起来很可笑，但是该怎样定义“完整”呢？玛凯拉的生命，虽然短暂，但不仅仅是完整的；它的生命已经溢出来了。玛凯拉的“破折号”是一个故事，属于她自己的故事。那小小的标点符号象征着她与我们在一起的六年时间，那是对生命活泼、逼真的叙述，诉说着一场充满庆祝、充满爱、充满成功和欢乐的生命。讲述玛凯拉的故事现在成了我们的使命，这也将成为我们度过我们自己“破折号”的方式。正如诗中所说，“重要的是我们怎如何去生活，如何去爱”，如果这确实是真的，那么玛凯拉就是对的。作为她的父母，我们自然而然就会想到，我们陪伴着她的那些时光，实际上是她在陪伴着我们。

致谢

这本书是我至今为止的人生想法、思考和经验的巅峰之作，因此，在此人生阶段之前，我不可能把这本书写出来。所有那些发生在我身上的事情，所有那些我在这场旅程中学到的东西，所有那些我希望未来将带给我的一切，都写进了这本书。尽管我不是一个受过专门培训的心理学家或者心理治疗师，但是我确实是生命大学的学生，聪明，并获得了全额奖学金。以独特的视角来看，我已谦逊地给大家提供了有关生活的故事和建议，这些故事和建议是基于我对那些很明显却往往被忽略的事物的观察。

每一个在我生命中饰演过某个角色的人，不论过去还是现在，都是我写下每个字的原因，也正是他们，造就了今天的我。与我生命有过交集的每一个人，不论在我们相聚之后留下的印象是积极的或是消极的，要毫无遗漏地对他们每一个人表达我的感激之情，那是不可能的。这些交集都有着……属于自己的方式……造就今天的“我”。

然而，还有一些人，他们的爱和支持鼓励着我追寻梦想，不论它如何固执地召唤，我都努力试图忽视的这个梦想。

首先，我想对我的家人表达衷心的感激，是他们的爱和支持给我提供了一个坚不可摧的基础，让我在上面建造我的梦想。另外，我还想对我朋友表达我真诚的感激，感谢他们分享我的文字、我的作品，乃至我的世界。在此我特别要诚挚地对我的哥哥比尔和南希·肖克说一声“谢谢”，谢谢你们一直鼓励我坚守目标，还要感谢《早安，莫比》这档电台节目，谢谢十五年前它在电台广播中朗读我的作品，因此改变了我的人生旅程。

也要特别感谢我的经纪人约翰·威利格，感谢他相信我那励志性的文字，并愿意成为它们坚强的后盾，他的正直，从我们认识的那一刻起我就无比钦佩。

衷心感谢斯特灵出版社的编辑们，感谢他们帮助将一个诗人闲散的白话转化为一次更加愉悦的阅读体验，感谢他们查找出那些当灵感的瞬间压倒了语法技巧时因疏忽而犯的错误。

阿尔贝特·施韦泽说过：“有时候，我们思想的火光会熄灭，但当它与另一个火光相遇时，便会重新点燃为火焰。我们每个人都应该深深感谢那些重新点燃这股内心之火的人。”有这句话一直在心中，我诚挚感谢来自索南伯格搭档公司的弗兰克·索南伯格先生和凯莉·拉斯顿女士，感谢他们将“人生的破折号”的潜力变为现实，为其设计一个新的商标，并且恢复、重新点燃了推动这个项目往前走我所需要的能量、激情和自信，这样一来，就在这不知不觉中唤醒了一头沉睡的巨人。

最后但同样重要的是，我必须感谢年轻时一位老板对我所做出的贡献。他的名字是拉里·格罗斯。尽管他可能永远不会注意到，我对他那简单的四字谏言十分重视，用到这谏言的次数我自己都数不清了。他曾经对我说：“做你自己！”谢谢你，拉里，不管你今日在何方，感谢你给予了这一生中我收到的最真诚、最实用的建议。

当你真正思考作家这个职业时，它是独特的。人们说，他们因我的文字而得到鼓舞，但是，从技术上来说，我选择将一些元音字母和辅音字母结合在一起，形成特定的、特别的、流畅的文章，这个技术并不是“我的”。我只不过是借了这些文字，并将其重新排列了而已，因此产生的作品才能被看作“我的”，虽然这个作品是由借来的成分组成——那是属于每个人的文字。

我希望通过读我这本书，你能体会到很多瞬间，这些瞬间你都能对自己说：“我懂了。”我也希望读完这本书，你能获得一些想法和概念，它们能在你接下来的日子中鼓励你、启发你，去做出积极的改变，享受更多的人生的瞬间，数一数你的幸福，还有……

Live Your Dash.

我的生命之歌

我请求你，不要为我哭泣，
因为我的生命已充实度过。
保存盐分，节省水分，
为那些需要你落泪的人。

然而，请你庆祝我的旅程；
忘却悲伤也抛掉忧虑。
我们的生命之旅只有一次，
而这次只是轮到了我。

对我自己，我曾骄傲过；
对于自己，我曾羞耻过，
但这场旅程中，不管怎样，
我只怪过我自己。

生命的答案并不永远都清晰无比，
直到我透过那双正在老去的眼睛来看
那些本应该发生的……那些本可能发生的，
看那些如果……那些为什么。

我有过欢乐，也有过悲伤。
不需要总结，也不需要计算
我生命中的那些起起落落——

我人生的巅峰多过谷底的数量。

我交过一些好朋友，也有过一些坏朋友，
自己曾好过也曾坏过……这是真的，
因为我活过、爱过，已足够，
欺骗过别人……也被人欺骗。

我焦虑过，我紧张过，
我脑海中充满过疑虑，
有关麻烦和问题
是否会自行解决的疑虑。

有些时候我会飞到很高，
要不是因为害怕跌落，
但我知道能感受到疼痛也比
什么都感受不到要好。

有时候花钱根本不考虑
自己能挣多少，
但是我一直努力在生活中，在爱中
去给予，超出我所能得到的。

后来知道了要去珍惜那些瞬间，
与那些有过交集的很多人在一起，
而不是流下大颗大颗悔恨的泪水
为我已失去的那些机会。

我喜欢了，我爱了。